新娘时尚发型
全　图　解

王彦亮·著

化学工业出版社
·北京·

图书在版编目（CIP）数据

新娘时尚发型全图解 / 王彦亮著 . —北京 ： 化学工业
出版社 , 2017.7
ISBN 978-7-122-29904-8

Ⅰ . ①新… Ⅱ . ①王… Ⅲ . ①女性－发型－设计
Ⅳ . ① TS972.121

中国版本图书馆 CIP 数据核字 (2017) 第 133239 号

责任编辑：马冰初　　李锦侠
责任校对：宋玮

出版发行：化学工业出版社（北京市东城区青年湖南街 13 号　邮政编码 100011）
印　　装：北京东方宝隆印刷有限公司
889mm×1194mm 1/16 印张 14 字数 350 千字　2017 年 11 月北京第 1 版第 1 次印刷

购书咨询：010-64518888(传真：010-64519686)　　售后服务：010-64518899
网　　址：http://www.cip.com.cn
凡购买本书，如有缺损质量问题，本社销售中心负责调换。

定　　价：98.00 元

前 言

整合多风格新娘发型教程

作为一名优秀的新娘发型师，需要掌握多种风格的新娘发型及技巧。本书精心挑选了101款人气与时尚兼备的新娘发型，贴心按照新娘需求、发型风格进行了分类：拥有极高多变性的长发新娘发型、俏皮个性的中短发新娘发型、甜美花哨的日式新娘发型、简洁优雅的韩式新娘发型，还有时尚简约新娘发型、欧式新娘发型、中式新娘发型共七大类，让你轻松掌握风格最齐全的新娘发型。

图文结合详细教授发型制作步骤

邀请专业摄影师、发型师、模特团队，拍摄详细的发型制作步骤图，配合精准简练的文字描述。清晰地分解每一步操作，提炼每一种技法，诠释每一种风格，手把手带领读者打造出完美的新娘发型。通过本书，读者不但能掌握每一款发型的设计技术与完成方法，更能在创作思路上得到启发，结合新娘实际，变换出更多风格。

依据难度划分案例星级

全书根据每款发型的操作难易程度，划分出不同的难度星级，以方便不同层次、不同需求的读者进行学习和实际操作。多梯度的难度案例设置，无论你是初出茅庐的新手发型师，还是经验丰富的资深发型师，都能发现并快速掌握符合自身实力的案例发型。

专业时尚团队编辑制作

本书由时尚研究机构"摩天文传"策划并制作。旗下拥有多位资深时尚编辑、专业彩妆师、设计师、摄影师、模特，并独立拥有经验丰富的国内知名彩妆造型师，拥有独立摄影棚及全套灯光设备，在美容时尚生活领域有极其深入的研究和丰富的积累。借由本书将帮助发型师在新娘造型这一领域取得更大的收获，成为新娘造型技巧的专家。

目录 *contents*

长发新娘发型

Chapter 2

中短发新娘发型

Chapter 5

时尚简约新娘发型

Chapter 6

欧式新娘发型

Chapter 7

中式新娘发型

Chapter 1

长发新娘发型

一头飘逸的长发，既能打造出仙气十足的波浪卷发，也能做出典雅端庄的露额盘发。巧妙地利用发辫的编织、盘绕就能赋予新娘发型更多的灵活性，尝试或甜美、或简约、或俏皮的多重风格。

侧边鱼骨辫

宽肩带式的婚纱款式简洁而大方，肩带处错落有致地镶满了大小不一的珍珠和闪钻，一条蓬松自然的鱼骨辫搭垂下来，相得益彰。

1　借助卷发棒，将头发分多缕依次烫出卷度和造型感。

2　将头发向上提拉，用梳子反复倒梳几次。

3　将左右两侧的头发固定在中间的发辫上。

4　取顶部头发，拧转后向上推高，用卡子固定住。

5　将手指插入头发里，并喷上定型喷雾。

6　将粉色和米色的花朵发饰用卡子固定在左侧。

7　将发辫剩余的头发等分成3份，编成麻花。

8　选择与发色相近的皮筋绑住发辫的发梢。

9　将编好的麻花辫向上拧转成一个小发髻。

10　用多个卡子将发髻固定住，并隐藏发梢。

11　在发髻中间加一朵白色的花朵发饰加以点缀。

12　然后将剩余的头发放在右侧，等分成4份。

13　按麻花的编发方式，每次编发时再加入一股头发。

14　用手指轻轻抽散编好的发辫，营造自然的蓬松感。

15　选择与头发颜色相近的皮筋绑住发辫末梢。

16　最后选择一小束花朵发饰固定在皮筋的位置即可。

花苞式盘发

甜美梦幻的花苞式盘发，配上经典的背心式蕾丝蓬蓬纱新娘礼服，圆你一个童话故事般的公主梦。

1 采用内外曲卷的方式卷烫全部头发。

2 将头发分成两份，用皮筋束在头部后上方。

3 将左侧的头发拉到右边，用卡子固定。

4 将所有头发混在一起，等分成两份。

5 然后再将已分成两份的头发再分为4份。

6 从右侧抽取一缕头发，顺时针拧转成一股。

7 将编好的发辫的发尾由外向内开始曲卷。

8 用卡子将编好的发髻固定在马尾的根部。

9 左边的头发采用同样的方法固定至马尾根部。

10 用卡子将编好的发圈固定，注意隐藏卡子。

11 将头顶的头发逆时针拧转成一股发辫。

12 用卡子将发辫固定在头顶，将发尾塞入发髻。

13 接着将余出的发尾卷成环形，用卡子固定。

14 将编好的发辫提拉至发髻中间，包住发髻。

15 将发尾固定后，用同样的方式编好右边的头发。

16 戴上珍珠发箍，使其比发际线稍微靠后。

麻花辫盘发

经典的抹胸式婚纱最适合这款麻花辫盘发，性感而不失甜美的风格，总让人难以抗拒，像甜甜的棉花糖一样充满了梦幻的诱惑。

1　借助卷发棒，将头发分多缕依次烫出卷度和造型感。

2　接着用尖尾梳挑出左侧的一缕头发。

3　将挑出来的头发编成一股麻花辫。

4　将编好的发辫向上拧转成一个发髻。

5　将拧好的发髻的发尾藏在头发里，用卡子固定。

6　在发髻下挑出一缕头发，编成三股辫。

7　将发辫拧成一个发髻固定在刚拧好的发髻旁。

8　抽取右侧的一缕头发，用梳子梳理整齐。

9　将分出来的头发同样编成一股麻花辫。

10　编发辫时注意松紧一致，发辫才会整齐。

11　将编好的发辫向上绕成一个环形发圈。

12　将环形发圈盘成发髻固定在头顶右侧。

13　将剩余的头发等分成3份，开始编麻花辫。

14　将编好的发辫向上绕成一个环形发圈。

15　接着将环形发圈盘成一个发髻，用卡子固定。

16　将鲜花枝叶发饰别在发髻上。最后可在头顶右侧装饰上浅色小花。

低位盘发

超级百搭的低位盘发，如果搭配上精致的挂脖式婚纱，能够使新娘整体身形看上去更加舒展流畅，带来无拘无束的性感。

1 卷发棒倾斜，夹取发尾向内曲卷 2~3 圈。

2 处理刘海时应该注意保留卷发棒卷烫出的弧度。

3 将右耳上方的头发也同样拉至耳后，用卡子固定。

4 另外一边的刘海也用卷发棒向外翻卷卷烫。

5 在左侧依次取出一束一束的头发，与刚才的发辫交叉拧转。

6 在编发时，可以顺势加入右侧固定后剩余的发辫。

7 接着依次将右耳下方外侧的头发也一起编成发辫。

8 将编好发辫后剩余的头发分成两股，相互交叉。

9 将编好的发辫用接近发色的卡子固定在后脑中部。

10 抽取正下方的一缕头发，在后脑中部盘成一个环形发圈。

11 将右侧的刘海拉到后面，逆时针拧转成一股发辫。

12 拇指垫在发辫下，将卡子卡在发圈内。

13 在盘发时注意尽量贴合住旁边的发髻，免得发髻松落。

14 将剩余的头发分成两份，顺着头发的弧度卷在一起。

15 将两股头发拧成发辫，塞入发髻里，整理好发丝。

16 最后将白色蕾丝发饰贴在左侧，用卡子固定。

自然长卷盘发

空气感发型可以让高盘发的单调性得以丰富起来，前额的头发微微隆起，形成完美的弧度和线条，随意地流露出慵懒的浪漫韵味。

1　选取相同发量的头发，用小号卷发棒将头发以向外卷的形式进行卷烫。

2　在头顶中间位置选取一片头发，进行逆梳打毛，使头发蓬松。

3　将整片头发保持发根位置蓬松，然后用黑色卡子将其固定成型。

4　在头顶靠右侧的位置选出一片头发，从发尾往发根方向逆梳进行打毛。

5　沿着之前固定成型的头发，在旁边将这片头发保持发根蓬松，用黑色卡子固定。

6　将耳果郭后方散落的头发抓起集中成束，并用相同的方法逆梳打毛。

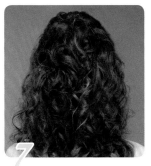

7　将左侧头发按同样的方式进行操作，注意保持发根位置的蓬松性。

8　头顶的头发形成微微隆起的形状，观察后若太扁塌，可以用尖尾梳从发根轻挑，使头发蓬松。

9　将头发高高束起，用一只手将发根位置的发丝向外轻拉，形成蓬松感。

10　将这束头发相互拧转，并往头顶方向拉，用卡子将这束头发固定好。

11　在扎好的发束发根处，垂直插入黑色卡子，将发髻撑起来，让发型显得更立体饱满。

12　将头发堆积缠绕在头顶后，用黑色卡子将发尾的头发固定好。

13　先拨开头顶发丝，再将事先准备好的花冠佩戴于头顶居中位置。

14　将发丝随意地缠绕于花冠上，用黑色卡子将较长的发丝固定起来。

15　将头发随意地缠绕于花冠的周围，并用黑色卡子将较长的发丝固定起来。

16　用手将头顶的发丝向上轻拉，保持一定距离喷上干胶产品，使发丝保持蓬松，定型。

经典发髻

简约的发型往往能彰显大方气质，对于追求典雅风格的新娘来说，纷繁复杂的发型倒不如这类简单却不失个性的发型更让人心生喜悦。

1　将头发全部置于背后，梳理通顺后，用小号卷发棒将全部头发以向内卷的形式进行卷烫。

2　用尖尾梳将头发划分界限，形成左右两侧均等的两片头发。

3　将头顶左右两侧的头发稍加扭转固定在头顶两侧，将脑后剩余的头发梳理集中成束。

4　将脑后这片头发全部按顺时针的方向扭转至发尾，形成一股集中的头发。

5　将这股头发以脑后中间位置为圆心，将发尾往发根位置缠绕形成一个圆圈。

6　将头顶两侧的头发放下，使其自然散落在两侧，在中间位置选出一片头发进行逆梳打毛。

7　将打毛好的头发保持发根蓬松，将发尾部分相互扭转。

8　将头发用卡子固定好后，发根位置难免会容易扁塌下来，可以用手在定点位置向上推。

9　使发根位置是中空状态后，再使用卡子由下至上地固定稳当，剩余发尾保留即可。

10　将头顶右侧剩下的头发全部抓起，用梳子由发尾往发根方向逆梳打毛，使发根最大限度地蓬松起来。

11　将打毛好的头发发尾部分相互扭转后，向后拉，并用黑色卡子固定好。

12　将左侧剩余的头发全部抓起，用手将头发集中成一束。

13　将这片头发往脑后位置拉，并用黑色卡子固定在脑后靠右侧的位置上。

14　将背后剩余的头发全部集中起来，并以相互扭转的手法使头发拧成股。

15　将头发缠绕成一个圆形发髻，用黑色卡子将其固定在脑后较低的位置。

16　将发饰别于脸部一侧，即前额和太阳穴的位置，尽量不要挡住耳朵。

纹理感盘发

全力制造的空气感发丝将随性发挥到极致，一条发带在凌乱的发丝中若隐若现，为发型带来精致质感，简单的妆容往往能体现出慵懒效果。

1　从头顶开始将刘海用卷发棒以向外翻卷的方式进行卷烫，并全部向脑后方梳理。

2　每次选取一片头发，用卷发棒一片一片地往发根位置向内卷烫。

3　把所有头发全部卷烫后，从头顶两侧向中间抓取出一束头发。

4　将这束头发保持发根的平整，再用发圈将其集中扎成一条马尾。

5　将这条马尾以固定的点为圆心，从发根开始将头发按顺时针方向缠绕一圈。

6　利用黑色卡子将缠绕成圈的发苞从发根处固定好，注意让头发遮住卡子。

7　用手将这个发苞的头发向外轻拉，使发型显得自然松散，更具凌乱效果。

8　将花型绑带从头顶位置沿着头型进行缠绕，加以装饰。

9　为了方便进行发饰的固定操作，可以先使用一个发圈将散落的头发稍微整理集中成束。

10　将绑带沿着头顶的发髻缠绕后，再将绑带相互打结固定在发髻下方。

11　将集中成束的马尾拆开，用手将毛糙的发丝抚顺之后，重新扎起一个发束。

12　将马尾从发根位置用手指辅助卷成一个圈后固在定发根处，将发尾保留。

13　将发尾的头发向上提拉，围着马尾的发圈位置进行缠绕。

14　缠绕成一个发髻的形状后，用黑色卡子将其固定好。

15　用手对发髻进行调整，轻轻地向外将其拉扯松散，使发型更有随性的蓬松感。

16　将刘海以向外卷的形式往头顶方向拨，并喷上干胶使其持久蓬松定型。

森女随性大卷

　　轻盈而充满弹性的大波浪卷发最能诠释出森系风格追求的那种随性，取自大自然的真实花材作为发型的点缀，完全呼应森系风格的本质意义。

1　将头发用卡子固定住，留出靠近颈部的一小片头发，用手或梳子将其捋顺。

2　将头发从发中位置开始放入卷发棒的夹扣中，将剩余的头发放入夹扣的同时缓缓向上卷。

3　将头发持续卷到接近发根位置后，保持3~5秒钟的时间后将卷发棒取下。

4　放下一部分头发，选取一片头发，用手或者梳子梳理后进行卷烫。

5　将头顶的头发全部放下，用卷发棒以相同的卷烫方式将头发全部卷烫好。

6　选择大号的气囊梳梳理卷发，可以使头发保持卷度的同时不会使其自然蓬松。

7　用气囊梳从发根位置开始朝着发尾方向，将头发向下梳理。

8　可以将手指垂直稍向下插入发根处轻轻拨动，能够将头发打结的地方梳理通顺。

9　取额前一缕刘海，用梳子梳通后，用卷发棒烫出弧度。

10　将刘海设计成侧边分，在有刘海的一侧选取一小缕头发。

11　将选取的发丝放入卷发棒的夹扣中，再以向外卷的方式将刘海全部卷烫。

12　保持一定距离，在整个发型上喷上干胶，使发型得以持久定型。

13　选择适合新娘头围长度的尤加利枝条，使其刚好能够缠绕头部半圈即可。

14　将尤加利枝条沿着头型缠绕于头顶位置，用黑色卡子将枝干两侧固定好。

15　在头部一侧，沿着尤加利枝条的位置，插入些花材，并用卡子固定好。

16　如果觉得花材不够饱满，可以再选取一枝短的尤加利枝条加入其中。

减龄花样发辫

看似简单的编发实则处处充满细腻感，从分界线到辫子纹理以及点缀的花材，处处皆有讲究。而妆容亦是如此，无瑕清透的底妆更衬托出青春灵动的感觉。

1　将刘海垂直向下梳理整齐，用卷发棒往发根处向内进行卷烫。

2　将全部头发以头部中间为界分为两份，划分的界线不必太整齐。

3　在左侧靠近头顶的位置选取一片头发，将其梳理通顺。

4　将这片头发平均分为3股，并保持往下的方向编三股辫。

5　在编三股辫的过程中，每次不断地加入耳郭旁的一小片头发加股编辫。

6　保持垂直向下编辫，辫子的松紧程度保持偏松的状态即可。

7　将辫子一直编至发尾，直接在发尾选取一小簇头发缠绕固定。

8　一只手将辫子拉伸平直，另一只手将辫子的纹理向外拉扯松散。

9　在右侧靠头顶的位置选取一片头发，发量保持与左侧头顶的那片头发一样。

10　将抓取的这片头发平均分为3股，相互交叉编出三股辫作为基础。

11　在编辫的过程中，保持每一缕发丝的光洁，毛糙的发丝会造成辫子纹理不清晰。

12　在往下编辫的过程中，同时不断抓取耳郭旁散落的头发加入编辫。

13　将右侧辫子一直编至发尾，用相同的方法缠绕成型后，用黑色卡子卡好。

14　将头顶的头发向上轻拉，使头顶的头发显得蓬松。

15　将右侧的辫子固定好后，用手将辫子纹理向外轻拉。

16　在头顶两侧以及辫子上分别插入若干枝精细的小花材。

甜美发型

闪亮糖果色彩妆用来打造甜美感，嘟嘟嘴的水润感也需要在唇妆部分体现出来。自然蓬松的盘发带给人轻松的感觉，选择呼应妆容的发饰也很重要，清新的花朵是甜美新娘的活力体现。

1　选用合适的卷发棒将头发烫出微微大卷的效果，留出两侧各一缕刘海，用卷发棒定型。

2　在顶部中间位置取约3指宽的发束，用梳子将头发梳理柔顺，轻轻向上拉直。

3　发束按从外向内的方向缠绕在卷发棒上，缠绕2~3圈即可，并保持数秒。

4　将发束按逆时针的方向，轻扭两圈，轻轻地将发束向上推，制造出一个弧度，用黑色卡子固定。

5　取右侧发束，分成3份，逐步交叉3股发束，外侧发束往内编。

6　将发辫编到适当长度后，从右侧绕至后脑中部，用黑色卡子将其固定，保证发辫不会松散。

7　同样取左侧同等发量的发束，编成三股辫，长度和右侧发辫一致。

8　左侧发辫挽至后脑中部，与右侧发辫交会在一起，用卡子将其固定住。

9　从顶部前额处选取3股细发束，将其向后放，用手调整成3条波浪状发束并用卡子别于脑后。

10　将剩余头发分成3份，将中间的发束逆时针扭几圈，将扭好的发束向上盘，用卡子固定。

11　取右侧发束，用右手按逆时针方向扭几圈，扭至距离发尾3~4厘米处。

12　将右侧扭好的发束从下往上绕向左侧，盘起来，用卡子固定住，多余的头发也用卡子别进去。

13　将最后一束头发按逆时针方向扭几圈，扭至距离发尾3~4厘米处。

14　将扭好的左侧发束从下往上绕向右侧盘起来，将多余的头发别进去，形成一个低位发髻。

15　将最下方剩余的一小缕发束轻扭几圈后，从发髻下方内侧别进去，并调整好发髻的细节部位。

16　选用紫色永生花朵和绿色藤蔓，将两者沿着发髻，以交叉间隔的方式插入发间，形成一个花环装饰。

浪漫发型

长长的卷发散发着女人味，鲜花这一必不可少的浪漫素材既能穿插于发间，也能佩戴在身上，一袭长裙就足以让新娘化身为女神。

1　用按摩梳将头发打理柔顺，可给头发抹上适量的护发精油抚平毛糙，用手取顶部约3指宽的发束。

2　将头发轻轻向上拉直，用梳子在离发根约5厘米处从上往下梳，刮出碎发，让顶部显得更加饱满。

3　用卷发棒卷住一侧小缕刘海，将刘海顺时针绕在卷发棒上，保持数秒卷成波浪状，另一侧刘海同样处理。

4　从头顶中部至耳朵上方，在左右两侧各用尖尾梳分出一大缕长刘海。

5　用卷发棒将两侧长刘海向内卷，从发尾卷至距离发根5厘米处，保持数秒。

6　用卷发棒将脑后长发依次向内卷好，每次取一缕进行卷烫，从发尾卷至距离发根5~8厘米处。

7　将所有头发卷烫出整齐的大波浪长卷后，用尖尾梳在中部划出一道中分线。

8　将两侧刘海放到肩膀前，用梳子将剩余头发打理柔顺后，用一个发圈在颈部扎一个低马尾。

9　在马尾上方，用手从中间分开一道缝隙，将马尾下部分以向外的方向，从缝隙中穿过。

10　用同样的方式，将马尾从缝隙中穿过3次，让缝隙变大，两边头发扭成两股。

11　用手将两边扭好的两股头发轻轻向外侧拉扯，让两边各形成一个半圆形发苞。

12　将中间的头发收紧，用卡子固定住，让两侧的半圆发苞尽量向中间贴近，形成圆形发苞。

13　从左侧刘海中取出一小缕发束，将发束按顺时针方向扭成一股。

14　将扭好的发束沿着圆形发苞下方，绕到另一侧，用黑色卡子将其别在大马尾辫中间。

15　将左右两侧的刘海都分成数缕，扭好后，依次从发苞下方绕过去，然后用卡子将其固定在中间。

16　选用粉色永生花朵，沿着额头，用卡子将花朵别在头上，形成一个粉色小花冠。

俏皮发型

小卷波浪长发率性而迷人，前额小波浪刘海感觉清新可人。夸张的大朵薄纱花束更显乖萌可爱。

1　挑选一款小号卷发棒，从头顶处开始，取外层头发做内卷。

2　取头顶的头发，每次取约1指宽的发束，绕在卷发棒上，每次都保持朝同一方向进行卷烫。

3　卷完头顶处的头发，再开始卷中部的头发，取小缕发束向内卷，做出小卷波浪造型。

4　用定型喷雾在靠近头部的地方轻喷，分别在左侧、后侧、右侧进行定型。

5　中下部位的头发，卷好之后容易松散，一边用喷雾对着发丝轻喷，一边用另一只手调整好卷发的弧度。

6　在左侧分出约3指宽的发束，将发束放在左肩前方，使发束与发束之间分隔好。

7　用手捏住右侧头发的卷度部位，轻轻向上提一些，然后将头发向中间靠，用卡子固定好。

8　在靠近左侧的位置取一片头发，微微向上提拉后，向后脑中间位置移动，并用卡子固定。

9　调整肩部后方左侧的头发，轻轻向上提一些，然后将头发向中间靠，用卡子固定好。

10　取肩部前方左侧的发束，用梳子打理柔顺，调整好碎发。

11　将左侧发束别于耳后处，用卡子固定住，然后用手将耳朵上方的头发微微扯出，让弧度更饱满。

12　取肩部前方右侧的发束，用梳子打理柔顺，调整好碎发。

13　将右侧发束别于耳后处，用卡子固定住，然后用手将耳朵上方的头发微微扯出，让弧度更饱满。

14　从前额处挑出两缕较短的细发束，将一缕头发撇至左侧，卷到小号卷发棒上，向左下方倾斜。

15　将另一缕头发撇至右侧，用卷发棒卷好，卷发棒尾部向右下方倾斜。

16　佩戴上与妆容、服装搭配和谐的头饰，别在头发一侧，若放中间则显得略微呆板。

简洁发型

将头发盘于顶部能更好地展现优雅修长的颈部曲线，有质感却不奢华的配饰更适合简洁造型。

1 用梳子将头发打理柔顺，用大号卷发棒将头发朝着由外至内的方向，卷出大波浪造型。

2 将卷发梳理好，扎成高位马尾辫，用发圈绑紧，高位马尾辫让人显得更加精神。

3 一只手固定住马尾辫，另一只手将头顶的头发轻轻向外拉扯，让头顶的头发弧度更加饱满立体。

4 用定型喷雾在靠近头部的地方轻喷，分别在左侧、后侧、右侧进行定型。

5 处理好的马尾辫如图所示，让所有额前碎发全部向后贴在头顶。

6 将马尾辫均匀分成3份发束，将中间的发束再均分成3小束，然后编成三股麻花辫。

7 将发辫按逆时针方向向上卷起，卷成一个花苞状，然后用卡子固定住。

8 将左侧的发束再均分成3小束，然后编成三股麻花辫，不用编得过紧，不要让发辫过密。

9 将发辫编至距离发尾3~5厘米处，让发辫变得蓬松。

10 将发辫从下往上向右绕，将花苞头包裹住，然后用卡子固定在一起。

11 最后将右侧发辫也均分为3份，用同样的方法编成三股麻花辫。

12 将发辫的每一股轻轻向外扯，让发辫变得蓬松自然，具有空气感。

13 将最后一股发辫从下往上向左绕，沿着花苞头绕一圈，用卡子固定好。

14 将露出来的发尾部分和其他多余的碎发一起用卡子别好。

15 取绿色藤蔓枝条，沿着发辫花苞头外延绕一圈，用卡子固定住。

16 再挑选搭配妆容的浅色系花朵，分别插在花苞头上，用卡子固定住。

露额高贵盘发

高领式婚纱充满了浓浓的宫廷复古风，适合比较传统和保守的婚礼。将头发高高盘起，能充分展现出婚纱的高领式设计。

1 用梳子分出上半部分的头发，梳理整齐。

2 用接近发色的发圈将上半部分的头发束成一个马尾。

3 用梳子梳顺马尾，等分成两股头发。

4 挑出马尾上半部分的头发，用发圈绑住发尾。

5 取右耳上方的头发，将头发向上提拉，用梳子稍微刮松内侧头发。

6 用手将发髻往左右两侧轻轻拉开，使发髻展开。

7 用尖尾梳仔细将马尾的分界线梳理平整。

8 接着用梳子将余下部分的马尾梳理顺畅。

9 选择与发色接近的发圈绑住马尾末端。

10 将马尾下半部分的头发分成三等份，用发圈收紧便于盘发。

11 然后用手轻轻往左右两侧拉开发髻。

12 将剩余的头发用发圈束成一个低马尾。

13 接着用梳子将毛糙的头发梳理平顺。

14 在离发尾3~4厘米的位置用发圈扎好。

15 用接近发色的卡子分别固定好发髻的两端。

16 用珍珠发带套住发髻，固定在分界处。

Chapter 2

中短发新娘发型

短发丸子头俏皮可爱，随性卷发浪漫之余多出了一丝精灵气质。别以为只有长发才能驾驭盘发、扎发等浪漫唯美的新娘发型，其实中短发新娘只要利用好发饰与编发技巧，一样能做出多种多样的新娘发型。

花式丸子头

高高束起的圆形丸子发髻将新娘头型修饰得更饱满，注意保持发根的蓬松性，确保发型的俏皮感觉，选择植物元素的发饰点缀，增添更多趣味性。

1　用梳子分出上下两部分头发，将上下两部分的头发分别用发圈固定好。

2　让新娘微微低头，再将头部下方的头发往头顶方向拉，并梳理平顺。

3　从发根开始往发尾编辫，编到分界位置即可，剩余的发尾保留。

4　先将发辫自然放下，将头顶部分的头发拆下，再用梳子进行梳理。

5　将头顶的头发高高束起，形成一个马尾，并用发圈将其固定好。

6　在马尾的最上方选出一片头发，将头发由发尾往发根方向卷成一个圈状。

7　将头发由发尾往发根方向以向内卷的形式，使头发形成一个圈状后固定。

8　用手指作为辅助，将头发以向内卷的形式，由发尾往发根方向卷成圈状。

9　这时发型逐渐形成一个圆形发苞，将剩下散落的头发继续拉取出来并梳理平顺。

10　一直将头发卷到发根位置，与之前的头发一起，形成圆形发苞。

11　用手指将发尾的头发往发根方向塞，不露出任何散落的发丝。

12　用卡子将这个卷好的发苞固定好，并注意使卡子隐藏在头发里。

13　将最后一缕头发，用双手的食指作为辅助，从发尾开始将头发往发根方向卷成圈状。

14　用黑色卡子从发根插入，把头发牢牢地固定起来，形成一个圆润的丸子头。

15　用五指在头顶位置插入，将头顶的头发整理出随意的纹理感。

16　沿着圆形发髻一侧的边缘，插入若干枝植物元素的发饰。

俏皮外翻造型

斜刘海与外翻卷发的搭配，让整个发型显得俏皮灵动。看似简单却甜美有气质，搭配上蝴蝶结发饰更显时尚。

1 将头发吹直，梳顺。挑选合适尺寸的卷发棒，夹住一小缕头发，看大小是否合适。

2 取约1指粗细的发束，将发尾部分外翻，卷出一个小卷，卷好后停留数秒。

3 按从左至右的顺序，依次将头发分为多缕进行卷烫。

4 卷烫好发尾后，用定型喷雾轻喷发尾，挑出几缕发丝进行定型，制造发卷的凌乱感。

5 轻轻托住发尾的发卷，用定型喷雾轻喷，保持整体发尾发卷的造型统一。

6 将新娘脸部摆正，在头部三七分处，用尖尾梳与头皮成45°角，分出斜刘海。

7 在刘海偏多的一侧，用尖尾梳分出一缕长刘海，将耳后的头发与长刘海分开。

8 将头发朝上竖直翻起，用梳子在发根处从上往下梳出碎发。

9 将翻起的头发盖下，左手扶住后脑勺轻轻使头发向上拱起，用梳子轻梳拱起的头发。

10 倒梳顶部发根处的碎发，喷上少许定型喷雾，增加后脑头发的饱满度。

11 将尖尾梳横插入头顶头发中，稍微用力向上轻挑，让顶部头发更加立体饱满。

12 挑选适合新娘头部大小的蝴蝶结发饰，佩戴在侧方，并做适当调整。

多变随性卷发

天然的黑色系头发，显得新娘纯真自然。在随性感十足的卷发中加入花朵的元素，让整体造型显得浪漫多变且清新妩媚。

1　用卷发棒配合电热吹风机，将头发梳顺，并吹出蓬松感。

2　将1指粗细的发束从距离发根5厘米处，缠绕在卷发棒上并保持数秒。

3　用手取靠近前额头部中央约2~3指粗细的发束，轻轻向上拉起。

4　将前额中部的头发向上拱起弧度，按顺时针方向轻扭两圈后，用黑色细卡子固定住。

5　用梳子沿着右侧外耳郭前部朝上的竖直方向，在右侧分出约2~3指粗细的发束。

6　用手将右侧头发朝前拉直，用宽齿梳从发尾向发根的方向梳，梳出蓬松感。

7　将梳出蓬松感的右侧头发轻扭两圈后别于脑后，用黑色卡子固定住。

8　用梳子沿着左侧外耳郭前部朝上的竖直方向，在左侧分出约2~3指粗细的发束。

9　用手将左侧头发朝前拉直，用宽齿梳从发尾向发根的方向梳，梳出蓬松感。

10　将梳出蓬松感的左侧头发轻扭两圈后别于脑后，用黑色卡子固定住。

11　用手挑出几缕头发，轻轻扯直，用宽齿梳从发尾向发根的方向轻梳，刮出凌乱感。

12　将准备好的花朵配饰别于发间，花朵的不规则排布使发型更具随性的美感。

阳光半丸子头

时下最火的 Lob 头，是最适合绑半丸子头的长度，清新的半丸子头具有很好的减龄感和时髦度，将半丸子头绑在头顶中上处，更为可爱。将发尾微微烫卷能给造型增添一丝柔美气息。

1 　用手从头顶位置提起顶部头发，将头发轻绕两圈后，用尖嘴夹别于头顶，固定好。

2 　取适量垂直部位的头发，用玉米须夹板将发根处夹出玉米须状。

3 　换用合适大小的卷发棒，在发尾处烫出一个卷度的造型。

4 　把别于头顶处的夹子取下，头发放于手掌中，用梳子梳理柔顺。

5 　将抓起来的发束提高至头顶位置，用黑色发圈将发束扎一个半马尾。

6 　在扎马尾时，不要将头发全部从发圈中拉出，留下一个扇形半丸子状。

7 　取左侧鬓角约1/3的发量，用梳子梳理柔顺后，用手在斜上方处轻轻拉直。

8 　将左侧鬓角发束从半丸子发束前方向后绕，绕一圈后用黑色卡子固定住。

9 　同样取右侧鬓角约1/3的发量，用梳子梳理柔顺后，用手轻轻拉直。

10 　从半丸子发束前方向后绕，一只手固定住半丸子发束，另一只手将发束绕一圈后用黑色卡子固定住。

11 　将半丸子发束周围的碎发用卡子固定住，轻轻地向外拉，让半丸子头显得更圆润饱满。

12 　整理好细节后，使用定型喷雾给头发定型，并在一侧戴上配饰即可。

甜美感编发

利用斜分单侧麻花辫，编织出新娘的清新甜美感，将麻花辫绕至脑后，再结合卷发技巧盘出花样低发髻，使整个发型非常饱满。木兰花配饰让新娘于甜美之中又多了一丝温婉的气息。

1 将新娘脸部摆正，在头部三七分处，用尖尾梳与头皮成45°角，分出斜刘海。

2 在刘海偏多的右侧，用尖尾梳分出一缕长刘海，用手将耳后的头发与长刘海分开。

3 将长刘海用梳子梳理柔顺，从中挑出两缕发量相等的发束。

4 将两缕发束按"X"字交叉的方式编织，编织过程中让发辫保持均匀纤细。

5 编至1/3处，再将剩余长刘海作为一股，加入发辫中，编织三股麻花辫。

6 将单侧编发绕至脑后方，用黑色卡子将编发固定住，并作细微修整。

7 取左侧鬓角约1/3的发量，按顺时针方向做内卷，然后用卡子固定在斜下方。

8 再取与刚才相符的发量，继续按顺时针方向做内卷并固定住。

9 将左侧的头发分3~4次做内卷固定好后，将右侧剩余发束梳理柔顺。

10 用右手食指放于右侧剩余发束上，将发束向内包裹住手指，做出内卷造型。

11 抽出食指后，用黑色卡子将发束固定住，并对整体发型作细微调整。

12 将配饰用卡子固定在一侧头发上，以倾斜的方向插上更具美感。

单刘海不对称发型

搭配不对称发型可以让具有成熟感的妆容得到个性的宣泄，长刘海保持曲线弧度的美感，能很好地修饰脸型，佩戴存在感极强的皇冠让新娘多了一份典雅气质。

1　用尖尾梳从头顶开始将头发按三七分的比例划分刘海，并梳理平整。

2　将头发全部置于背后，每次选取一片头发，用卷发棒以内卷的形式进行卷烫。

3　从头部右侧开始，用尖尾梳以耳郭为界划出一条线，将头发分别置于耳前和耳后。

4　将耳前的头发作为长刘海，将发根位置的头发梳理平顺，不让其毛糙。

5　用卷发棒将侧边的长刘海在发尾位置以外翻的形式进行卷烫，卷烫位置不必太高。

6　开始梳理背后散落的卷发，将头发全部集中在一起，并用发圈将头发固定成束。

7　将头发扎成一个低马尾，将固定好的马尾从上方开始选取出一片头发。

8　把这片头发的发根以向外卷的方式，做成一个圈状后用黑色卡子固定好。

9　在马尾上继续选取一片头发，在发根位置将头发向外卷成圈，用卡子固定好。

10　继续选取一片头发，以相同的方法向外卷成圈状后固定。

11　将圈状发髻旁散落的短束头发沿着已经成型的发髻向内收。

12　用黑色卡子将向内收的头发从发根处固定好。

13　以一个卷好的发髻作为圆心，将靠下方的马尾剩余的头发全部以相同的方式向外卷后固定。

14　将头发全部固定围成一个圆形的发苞后，可以用手稍加调整，使发苞中比较空的位置变得饱满。

15　对右侧的刘海进行打理，如果觉得发量太多，可以先将一部分刘海分出来，往后拉再固定。

16　选择一款形状较大的水晶皇冠，将其居中地佩戴于头顶，用黑色卡子从两侧固定稳当。

花苞头发髻

如果你的身材匀称修长，那么穿上合身的鱼尾型婚纱，会让你显得格外妩媚动人，再梳上这款花苞头发髻，简直完美。

1 将卷发棒倾斜，夹取发尾向内翻卷至发中。

2 将头顶正前方的刘海向后翻，用卡子固定。

3 将侧面的头发向内拧转一圈后形成一个弧度。

4 左耳旁边的头发同样拧转出弧度后用卡子固定。

5 将右侧头发向上提拉，用梳子稍稍刮松内侧的头发。

6 将上半部分的头发分出来，稍微向上推高后固定。

7 将左手拇指垫在头发下，将头发固定在发髻处。

8 抽取左侧的一缕头发，用手将其整理光滑，拉至后脑勺中间位置。

9 将左手食指垫在头发下，将卡子固定在头发内侧。

10 将发尾用发圈收成圆润的形态，便于盘发。

11 由发尾开始一直向上翻卷至头发根部，用卡子固定。

12 将发尾也收进圈里，用左手拇指将发尾塞好。

13 将剩余的头发也卷成发髻，用卡子将松散的头发固定住。

14 将前面留出的刘海拉到后面，用发尾包裹住发髻。

15 用手指轻轻拉松发髻，将散出的发丝用卡子固定好。

16 最后将白色的发饰用卡子固定在右侧，遮住发际线。

复古刘海盘发

很多女孩都向往西式婚礼以及圣洁高雅的白色婚纱，如果你的婚纱属于简洁的西式，那么搭配这一款精致优雅的发型，能够让你更加柔美可人。

恰到好处的弧度让发型满分，无可挑剔的侧影，优雅唯美。

1　将刘海处的头发向左侧梳理整齐，将发尾卷曲成圆形并扎好。

2　把剩下的头发分成5份，用小卡子别住发尾将其区分开来。

3　将颈部后方的头发卷曲成圆圈状，用小卡子固定在颈部正后方。

4　用梳子将右耳后方的头发拧转到后脑的位置，同样卷曲固定好。

5　将靠近后脑部位的两束头发分别用梳子梳理好。

6　取剩下的两束头发中靠后的一束，将发尾打成一个小结，留出圆圈造型。

7　再用小卡子将发尾固定好，轻轻拉动发尾让头发的造型有蓬松感。

8　将最后一束头发拧转到整体盘发的斜上方，用白色蝴蝶结发卡固定好。

凌乱感造型

斜分的短卷发，看似凌乱无序，其实每一缕发丝都暗藏小心机。利用卷发棒将斜刘海打造出飘逸灵动的飞舞感，另一侧的卷发则低调地别于耳后，配上羽毛珍珠发饰，既浪漫随性又不失端庄大气。

1 将太阳穴旁边的头发用尖嘴夹别于一侧，用卷发棒横着将下方的头发向外烫卷定型。

2 放下上层的头发，将头发分成小束，从右侧刘海开始，从距离发根8厘米处开始向后卷。

3 换至头顶中部，先卷2~3小束头发，从距离发根3厘米处开始卷。

4 横着拿卷发棒，在头发多的左侧，将上面那层头发的发根部分烫成波浪微卷。

5 将左侧斜刘海向左后方卷曲，从离发根5厘米处开始卷，弧度要大一些。

6 取头顶1/3的发束，左手将头发朝上拉直，用宽齿梳从发尾向发根的方向梳出蓬松感。

7 将发束朝前放，然后取下方中部的一缕头发按顺时针方向轻扭两圈，用卡子固定住。

8 将中间的发束固定好后，把前额的头发朝后盖下，让发型更立体，有蓬松的弧度。

9 用手将左侧卷曲的斜刘海向后轻拉，定好位置做出飘逸感，然后喷上定型喷雾。

10 再将右侧刘海轻拉至向右下方舒展，稍微别于耳后，定好位置喷上定型喷雾。

11 随意挑选几缕卷发，将其固定在合适的位置，制造出凌乱感，喷上定型喷雾。

12 戴上羽毛珍珠发饰，将发饰调整至合适的位置，不要压住两侧刘海，可用卡子固定住。

复古贴发造型

将柔顺的短发斜分于耳朵两侧，将头发向后梳，利用有一定重量感的摩斯或发胶定型，显得干净简洁，同时也利落有型。将发尾微微卷起再戴上蕾丝白头纱，营造出造型的复古感。再搭配上大红唇妆，就是一个明艳的复古新娘。

1　将新娘脸部摆正，在头部三七分处，用尖尾梳与头皮成45°角，分出斜刘海。

2　用电吹风将头发吹直，梳理柔顺。让头发保持适度的垂坠感和柔顺感。取出发油备用。

3　将适量发油倒在手掌心，放在手掌中揉搓均匀，做出复古贴面油头发型。

4　横着拿卷发棒，将一侧头发发尾用卷发棒做出半个卷度，并保持数秒。

5　依旧横拿卷发棒，将中间头发的发尾用卷发棒做出半个卷度，保持数秒。

6　另一侧头发的发尾也做出半个卷度造型，使所有卷发的高度约在同一水平线上。

7　将定型发蜡涂抹在发根、毛糙的头发处，以及发尾半卷的地方，帮助使碎发服帖和定型。

8　用梳子梳理斜刘海，左手随着梳子的移动轻轻地按压在头发上，防止发丝被梳子挑起。

9　取出提前准备好的白色头纱，两手分别拉住中间部位，对着镜子确定好头纱的位置。

10　将头纱摆放至两耳上方，取出卡子，将婚纱别于头发上，以微微遮挡住耳朵为佳。

11　先固定好左右两侧的头纱位置，再用卡子别于正中间进行加固。

12　挑选合适的发饰戴在头上，调整好头纱和发饰的位置，露出五官。

双刘海不对称发型

金棕色的不对称短烫发发型，将两侧刘海卷烫出不一样的弧度，不对称的刘海勾勒出小脸庞，有着绝佳的修饰脸型的作用。发尾蓬松内卷，使造型有整体收拢聚集的效果，最后搭配大蝴蝶结配饰，让新娘充满甜美感。

1 将新娘脸部摆正，在头部三七分处，用尖尾梳与头皮成45°角，分出斜刘海。

2 在发量偏少的右侧，取出右前侧处约3指宽的发束，用梳子梳理柔顺。

3 选用合适尺寸的卷发棒，从距离发尾5厘米处开始向内卷。

4 仍然在右侧，取出右侧中间处约3指宽的发束，用梳子梳理柔顺。

5 横向拿卷发棒，从距离发尾5厘米处开始向内卷，做出一个卷度的造型，并保持数秒。

6 在后脑横向从距离发尾5厘米处开始向内卷，做出一个卷度的造型。

7 发量偏多的左侧，从头顶前端1/3处至外耳郭处，用尖尾梳分出一缕长刘海。

8 在左前侧取约3指宽的发束，斜向45°拿卷发棒，从距离发尾10厘米处开始向内卷。

9 用梳子将左侧卷发梳理到一起，形成统一高度的卷发发片。

10 用梳子将其余部分头发梳理柔顺，梳理时用左手托住发尾的发卷，保持卷度不散。

11 戴上配饰后，用尖尾梳的尖端部位调整头发，让右侧卷发包裹住耳朵，左侧卷发露出耳坠部位。

12 完成后，用定型喷雾轻喷头发帮助定型。使用喷雾时，可以用手帮助新娘遮挡住眼部，防止喷雾入眼。

俏皮简单编发

拥有一头利落干净短发的新娘，将刘海全部梳起来露出额头，清爽干净，个性的发尾外卷显露出别致的灵动与活泼，搭配上时尚的发饰突显出新娘的俏皮可爱。

1 提前将头发烫出空气感发卷，若头发过于毛糙，可抹上一些免洗润发乳或护发精油，有利于之后编发。

2 从头顶处选取约3指宽的发束，用卷发棒将顶部发束向内从发尾卷至发根，将顶部头发卷出弧度。

3 用干净的手抹上些许发蜡，均匀轻柔地推开后，张开手指，于头顶发束根部开始抓蓬头发，随意抓出自然感。

4 从头顶处选取约3指宽的发束，将其均匀分为3小束，用手抓好往上提高，开始编发。

5 将一侧的头发挑起来，再将另一侧的头发和挑起来的头发放在一起，在中间进行重叠。

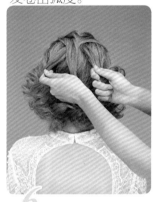

6 逐步交叉3股发束，外侧发束往内编，编发的时候要控制好力度。

7 将发辫编至脑后靠上方的位置，可以用手将编好的每一股发辫轻轻向外扯，让发辫形状更立体。

8 先用小发圈将发辫尾部轻轻扎起来，再用卡子进行加固，让发辫保持形状。

9 用手将两侧的卷发轻轻挑起数缕，做出飘逸的感觉，然后用定型喷雾轻喷发丝。

10 选择一款带有花朵碎钻的甜美绑带发箍，佩戴于前额处，不要压住编发。

11 将发箍绑带系紧，若是觉得不够牢固可用小卡子固定，然后将绑带压在发辫下方。

12 用手调整头部后侧的卷发，让整个发型看起来更蓬松自然。

Chapter 3
日式新娘发型

　　拥有明显的线条感和甜美的风格，就是日式新娘发型最独特的气质。想要打造一款典型的日式新娘发型，偏浅金的发色、花哨的编发、空气感的拉丝、夸张的发饰或花束是你绝对不能忘记的元素。

可爱气质的清爽侧分低马尾

清爽大方的侧分，用最简单的方法衬托新娘的温柔可爱，点缀的发饰清新、高雅，举手投足之间散发出迷人的气质。

1 将头发一九分开，若新娘碎发较多，需用发胶定型抚平毛糙。

2 侧梳的头发向脑后呈螺旋状拧转，注意用力要轻，扭转约3~4圈。

3 从耳朵上方再取一股头发，用另一只手抓取，并扭转1~2圈，注意碎发要收整齐。

4 将两股头发合成一股拧转，注意将第二股收在第一股后面，扭转力度要大。

5 抓取后面的头发一起向里扭转，方向一致，纹理清晰，扭转力度较重，避免头发散落。

6 头发扭转至左侧耳后位置即可，预留的左边鬓发梳整齐备用。

7 将左边鬓发向上搭在拧转的大股头发上，注意左手保持力度，不松手。

8 用左鬓发代替发绳缠绕2~3圈在大股头发上，力度较重，位置在脑后左下方。

9 发尾先用发胶固定不松散，绕至发束上方，用小卡子将发尾藏在拧转的发股后。

10 多使用几个小卡子将发尾依次夹稳固定好，注意不弄乱上方整齐的头发。

11 使用尖尾梳轻挑脑后的头发，使之微微拱起，营造蓬松自然的效果。

12 绕在肩部前方的大股头发使用大号的卷发棒卷烫发尾，制造优美弧度。

雅致唯美的简洁卷编发

编发和卷发的结合，简洁而优雅，充满了仙气，散发着唯美、精致的气息，给人一种温婉小女人的感觉，为婚礼带来雅致有品的新鲜观感。

1 使用大号卷发棒，取一束头发螺旋向脸部卷烫约3~4个卷，高度约与下巴持平。

2 卷烫好头发后，用手指捋顺，新娘头顶刘海用密齿梳中分，将头发表面梳光滑。

3 将头顶的头发分为两部分，在进行下一步之前可用长夹子夹好待用。

4 编发时，辫子的方向往后延伸，发束的发量均匀并用力稍大，保证辫子具有层次感。

5 从发际线依次取发至鬓角。

6 继续将头发编至发尾，并用发圈固定扎好。

7 先编左边，再编右边，如果新娘碎发过多，则需要用发胶等整理毛糙碎发。

8 两侧辫子从头顶开始，向脑后中心编发，干净不毛糙的头发表面呈现自然的光泽感。

9 将两股辫子在脑后中心用卡子固定，作为中心点，在余下头发的两侧各取一股梳顺待用。

10 将这两股头发在中心点下方打一个结，注意头发表面光滑整齐。

11 整理发结，鼓出一个半球形发苞并用卡子固定好。

12 白色串珠小花发饰穿绳穿过耳后头发打结固定，将固定结藏在垂落的头发底层。

优雅妩媚的低发髻盘发

低髻盘发尽显优雅和妩媚，搭配轻盈的侧刘海，浪漫十足，给人以成熟、优雅的感觉。

1 将新娘刘海三七分开，将发丝梳光滑，若碎发较多，可用定型产品固定。

2 从头顶取等分的三束头发待用，注意取发范围不宜太大，从刘海后取即可。

3 先从头顶编三股辫，要紧贴头皮，编一轮即可。

4 头顶起好后，进行三加一编发，即蜈蚣辫，在耳后范围以内取发。

5 编至脖子处，用发圈扎好固定，注意辫子表面光滑才会呈现出自然的光泽感。

6 将辫子未编的部分拧卷，绕成发苞，用卡子固定在脑后部下方。

7 从左边区域取两缕头发拧卷，从上面紧贴头发绕过发苞，并固定在发苞根部。

8 左边区域剩下的头发等分成两股，拧卷待用，注意拧卷的力度不宜太大。

9 取剩下的头发分两束扭拧，待用。

10 从发苞上方再一次绕过发苞并固定。右边除刘海外以用同样的方法扭拧绕过发苞并固定。

11 使用22~28毫米的大号卷发棒将刘海从发尾开始，向内卷烫，高度约与眼睛水平。

12 选择白色带水钻的蕾丝皇冠造型发饰佩戴在新娘头顶偏左的位置。

灵动俏皮的不规则卷编发

不规则的发卷质感如同丝滑的牛奶一般，精心搭配白色蔷薇花，让整个发型更富有独特的艺术气息。

1 将刘海后梳，在头顶位置拱起一个发苞并固定；从右侧鬓发区域进行三加一编发。

2 从头顶编发至脖子位置，用力较轻，显得发丝蓬松度好，发量多。

3 自脖子以下开始编三股辫，注意编发力度稍重，将发丝编紧。

4 左侧头发进行三加二编发，若新娘碎发较多则可以使用定型产品抚平毛糙。

5 向脑后编发时，加入辫子的头发应该取量均匀，编发力度保持一致。

6 三加二编发编至脖子后改为编三股麻花辫。

7 将辫子编紧至发尾，用发圈固定扎好待用。

8 先从左边辫子的发尾卷起，注意应选择碎发较少、辫子整齐的一侧露在外面。

9 卷好辫子固定在脑后，并用卡子固定好，收好辫子发尾部分。

10 右侧辫子绕过发苞上方，沿着发苞卷一圈，若新娘发量较多，则应该多使用卡子固定。

11 收好左侧辫子发尾后，用手指轻轻整理发髻，使头发线条看起来更优美。

12 选用白色蔷薇花发饰佩戴在发苞上方，不仅能点缀发型，还可以遮盖头发分界位置。

诠释浪漫仙气的花朵发辫

簇拥的鲜花和交错层叠的编发，诠释着令人舒心的美感。幸福可人的新娘气质浓郁不散。

外翻卷曲的刘海令新娘的五官完美尽显，优化脸型同时提升了开朗的特质。

1 将新娘刘海三七分开，表面发丝梳理整齐，若碎发较多可使用定型产品抚平。

2 取刘海区域的头发分为小股，从发尾开始，向外卷烫，高度约与额头齐平。

3 取脑后三股发束准备编辫子，注意取发均等，发束表面光滑。

4 分开刘海区域，从耳朵上方鬓发位置取发。

5 开始编发，每编一股，撩取新一股头发加入。

6 从头顶处将头发编至脑后停止，用卡子固定好，剩下的头发分3股待用，其中一股略小。

7 用3股头发编麻花辫，注意用力要较松，制造头发的自然蓬松感。

8 编至发尾，因有一股头发较少，编发时更要注意位置和发辫的形状。

9 将编好并固定住的头发轻轻抽取表面的发丝，注意不需要太松散，有层次即可。

10 选用青绿色叶子发饰藏在第一股辫子固定卡子的地方，插在发丝间。

11 若只选用叶子发饰，略显单调，加上白色花朵的点缀则让发型更完整、更鲜活。

活泼甜美的空气感发辫

在一侧垂落的秀发巧妙地平衡了单肩婚纱带来的侧重感，编发的加入赋予了新娘一丝活泼、俏皮的感觉，简单的发型营造出新娘可人、唯美的韵味。

1 用大号卷发棒向内卷烫头发，分区域逐一卷烫使头发纹理清晰。

2 使用梳子将头发梳理整齐，若想卷曲得更好，可以直接用手指将头发整理梳开。

3 左侧分开耳朵上方的鬓发，为避免分好的头发影响造型，用夹子将头发夹好备用。

4 从头顶取一片头发，将表面梳理光滑，用手指轻轻扭卷并鼓起一个发苞固定好。

5 分好的头发除鬓发外，将余下的头发撩到新娘右侧肩上，编鱼骨辫。

6 编至发尾后预留约10厘米的头发用发圈扎好，可不必编得太紧实。

7 用手指抽取头发表面的发丝，尽量抽散使发丝看起来充盈、蓬松。

8 左侧鬓发用大号卷发棒向内卷烫，卷烫高度约与脸颊齐平。

9 右侧鬓发同左侧一样向内卷烫，高度大约与眉毛齐平。

10 轻轻拨开卷烫的右侧头发，取一小缕头发在后脑侧方固定好。

11 取刘海向一侧固定好，注意额前碎发较多不用打理，只需要将毛糙抚平即可。

12 在辫子上和刘海的固定卡子上点缀粉红色的小花发饰，使用真花效果更佳。

突出可爱感的清新风发型

蓬松的大波浪卷发，再搭配一个别致的花环，有如春风拂面，既清新又迷人。此款发型适合想要突显可爱气质的新娘。

1 把头发分成两个区域，将上部的头发盘起来并用卡子固定。

2 从右边的头发开始，用手将右侧的头发分出一小束。

3 使用径口为22~28毫米的卷发棒将分好的头发向内卷烫。

4 取左侧区域的头发将其分出一小束，注意发量和右侧保持一致。

5 用卷发棒将分好的头发向右卷烫，使其自然卷翘。

6 取头顶一束发片并将发丝表面梳光滑，若碎发多可用定型产品抚平。

7 从头顶取发片并倒梳，可使头发蓬松，做发型时看起来发量很多。

8 用梳子将头顶上方的头发梳顺，使头发自然下垂。

9 分开刘海，在左侧区域从头顶分出一小束头发。

10 使用口径为22~28毫米的卷发棒将分好的头发向右内卷，使其自然卷翘。

11 分开刘海，在头发右侧区域分出一小束头发。

12 使用卷发棒将其向左向内卷烫，高度大约保持与眼睛水平。

13 在头部后上方头发微微拱起的部分，用手轻拉出自然弧度。

14 选择一款带花朵的冠式发饰，将其固定在头部上方。

15 使用发蜡涂抹刘海处的头发，使头发保持卷翘的弧度。

16 喷上定型产品，可以保证秀发持久定型，不松散掉落。

强调甜美感的低卷马尾

对称的发型，略带复古的优雅，此款发型十分适合发量丰盈的新娘，打造出温柔，唯美的气质。

1 将头发分成两个区域，横取上部头发并盘卷固定在头顶。

2 在头发的左侧分出一小束头发，注意发量不必过多。

3 用径口为22~28毫米的卷发棒分区烫卷头发，高度与下巴齐平。

4 在头顶取出一束头发，注意取发的范围不宜太大。

5 使用卷发棒将分好的头发向内烫卷，角度要保持水平。

6 将头发全部卷入卷发棒内，起到使发量显多的作用。

7 用手将头发拨开，使卷发自然下垂，并用手指将头发梳顺。

8 使用发圈给头发绑马尾，注意力度不宜太大，避免过于紧绷。

9 绑头发的同时，可以用手轻轻拉扯头发，使其自然蓬松。

10 用手在头发的中心分成等量的两束并向旁边分开。

11 将马尾塞入头发中间的空隙，使其挡住发结的位置。

12 用手指轻轻地拉扯头发的发丝，使其蓬松有空气感。

13 使用尖尾梳将刘海四六分，多余的碎发可用发胶抚平。

14 分出两撮等量的细刘海，并用卷发棒将其向外卷烫。

15 选择粉色花冠式的发饰，将其戴在头顶并固定。

16 喷发胶固定发型，使其保持轻盈，具有空气感。

注重细节完美的花式发辫

自然松散的发辫轻轻搭落于肩部一侧，充分演绎随性的感觉，零星点缀的花材使发辫纹理感突显，强调以细节取胜。

1 将全部头发置于背后，每次选取一片头发，用卷发棒均以向内卷的形式进行卷烫。

2 在头顶选出一片头发，用梳子从发尾往发根方向逆梳把头发打毛，令发根位置更显得蓬松。

3 将头顶中间的头发保持发根位置的蓬松感，在脑后中间位置固定好。

4 将头发顺着同一方向相互扭转，用卡子在脑后中间位置将其固定好。

5 两只手各持头部右侧的头发和背后的头发，将这两束头发相互交叉。

6 再将左侧整理好的头发加入其中，以编三股辫的形式相互交叉。

7 持续往发尾编辫，编辫的过程中将头发一直往左肩方向拉。

8 将靠近左侧肩膀的头发暂时搭落在胸前，将剩余的两股头发分别抓在手中。

9 将这两股头发以顺时针的方向，相互交叉进行扭转。

10 将头发持续往发尾方向编辫，并让这股头发全部搭落在胸前的位置上。

11 将头发编至发尾的位置，不用保留任何剩余的头发，三股头发编成辫子。

12 发尾的发辫用卡子进行固定，这样才能保证发尾的发辫形状不会受到破坏。

13 用卷发棒将头发一缕一缕地向外卷烫，并全部往头顶方向集中。

14 将头顶的发丝全部用卷发棒向外卷烫好，用手向后拨。

15 用手将头顶卷烫好的发丝向上轻拉，保持一定距离喷上干胶产品，令发丝蓬松定型。

16 将花材用手撕成小瓣状，从头顶位置开始插入头发里，花瓣之间保持一定距离。

高贵气质的公主低位发髻

水晶小皇冠的佩戴使新娘显得高贵、大气，是提升气质的最佳选择。饱满的额头让整个人都看起来神采奕奕。此款发型适合发际线平整、额头饱满的新娘。

1 将新娘刘海中分并将头发表面梳理整齐，中分的位置可以不用太正。

2 耳朵上方的头发沿中分线分开，后半部分的头发用发圈扎好。

3 将辫子等分成3份，编三股麻花辫，编至发尾后用发圈扎好固定。

4 抽取辫子表面的发丝，使辫子看起来自然蓬松，注意抽取的发丝不宜太多。

5 提起辫子尾部，以扎好的发圈为中心点，将辫子缠绕成发苞。

6 只用小黑卡子固定发苞，藏好辫子发尾，用手指整理发苞造型。

7 将发苞上方的头发表面梳理光滑，前鬓角处的碎发梳理整齐待用。

8 将鬓角区域的头发紧贴头皮，编三股麻花辫，注意用力均匀。

9 两侧的鬓发编至发尾并用发圈固定好待用。

10 选取一侧的辫子，从发苞下方缠绕发苞根部，将发尾藏好，并用小卡子固定。

11 另一侧头发与上一步骤相同，从相反的方向缠绕发苞，并固定。

12 选择贴钻皇冠发饰固定在脑后侧方，完成整个造型。

适合搭配蕾丝的露额盘发

微微蓬起的刘海与新娘蕾丝头饰搭配起来十分和谐，低调中包裹着华丽，娇俏中深藏韵味。

1 用尖尾梳将刘海三七分，毛糙的头发可用发胶抚平。

2 用中号卷发棒将头顶的头发从发根开始卷烫，使其蓬松。

3 从左侧开始，用卷发棒将头发依次卷烫，高度与耳朵齐平。

4 用发圈将头发扎成一个马尾，固定在后脑的中心点。

5 拉扯头顶头发的发丝，让发型看起来更加饱满，有层次感。

6 在马尾的右侧取出一束头发，注意发量不必过多。

7 将分好的头发向外卷成一个筒状，并用卡子固定住。

8 在马尾的左侧取出一束头发，发量与右侧保持一致。

9 重复之前的动作，向外拉卷成一个筒状并用卡子固定。

10 继续在马尾的左侧选取一束头发，发量不必过多。

11 将头发向外拉卷成一个筒状，并用卡子将其固定。

12 继续在马尾的右侧选取等量的头发，重复刚才的动作。

13 使用卡子将卷好的头发固定好，使其完整。

14 再选取右侧一束头发，向外拉卷成一个筒状并用卡子固定。

15 将多余的头发收起，避免散乱。

16 将蕾丝发带绑在发苞区中间的空隙处，绕至脑后扎成蝴蝶结。

适合搭配网纱的凌乱盘发

看似凌乱实则有序的高位盘发富于了发型极强的层次感，暖色的小花发饰在复古网纱下若隐若现，使新娘看起来青春洋溢。

1　将顶部头发的发根用卷发棒卷烫，有增加发量的视觉效果。

2　使用中号卷发棒烫卷，并将剩余的头发向内烫卷3~4圈。

3　将全部头发用发圈在头顶最高处扎成紧实的马尾。

4　用手指轻轻拉扯马尾旁边的发丝，使发型自然蓬松饱满。

5　从马尾中选取一小束头发，将头发拉向额头以备用。

6　将头发向发根收卷，注意藏好发尾，做成卷筒并用卡子固定。

7　在马尾的右侧选取一小束头发，注意发量不必太多。

8　将头发向发根收卷，做成筒状并用卡子固定在头发右侧。

9　在马尾的左侧选取一束头发，发量要与右侧保持一致。

10　将头发向发根收卷，做成筒状并用卡子固定在头发左侧。

11　用手拿住剩余的头发，要确保发量与之前的保持一致。

12　将头发向发根底部收卷，做成筒状并用卡子固定。

13　将发苞的发丝轻轻拉扯，使每个发卷之间都能自然过渡。

14　把小网纱放置在发苞前，并用卡子将其固定在左侧位置。

15　将紫红小花发饰与网纱并排放置于发苞前，用卡子将其固定。

16　用定型喷雾将鬓角处的卷发固定，保证头发不会轻易散落。

适合搭配珠宝的简约披发

保留了刘海及披肩长发的新娘发型，丰盈的卷发自然披放于单侧肩上，充满浪漫气质且能修饰脸型，佩戴珠宝头饰增添了新娘整体造型的精致高贵之感，可搭配单肩或抹胸婚纱礼服。

1 将所有头发置于背后，把耳边的一缕头发用卷发棒垂直卷烫。

2 用卷发棒把头发卷到约发根位置，与头部形成45°角。

3 将左边的头发以耳朵位置为分界线，分离出一束头发置于耳前。

4 将耳前的头发旋转拧成股，成股部分占整束头发的长度的1/4。

5 在成股头发旁边抓取一股相同发量的头发，用手垂直拉直。

6 将两股头发以交叉的形式旋转拧成一股。

7 将成股的头发沿着耳朵向后拉，用卡子暂时固定起来。

8 抓取右边的一束头发，用细齿梳向后梳顺。

9 将发尾旋转拧成股后拉到后脑勺的位置，无需拧得太紧。

10 将左右两边的头发在靠近头部左边的位置交汇。

11 将左右两边成股头发的发尾部分分别分成发量相同的两份，再将左右两边的头发两两接连。

12 把这四束头发拉到约左边耳背位置开始编四股辫。

13 四股辫以垂直向下的方向编制，辫子的纹理保持松紧适中即可。

14 编四股辫的过程中每次挑取的发量不宜太多且需保持发量相同。

15 把四股辫编到约占整束头发长度一半的位置时，用细发圈将辫子固定好。

16 在新娘头顶处戴上珠宝头饰，头饰首尾部分可隐藏于头发里。

适合搭配花环的侧分编发

保留侧边的发尾垂放于胸前为优雅气质加分，头顶环绕的辫子增加了一丝俏皮的感觉，浓情大波浪搭配一个精致的花环，充满清新味道，适合喜欢在户外举办婚礼的新娘。

1　新娘头发从头顶分成两份，把两边头发的发尾放到胸前，左边发量略多于右边。

2　用卷发棒把头发卷到约发根位置，与头部形成45°角。

3　将抓取的头发分成3股后，拿在手里向下拉直开始编三股辫。

4　编2~3步即可，保持每股辫子发丝都与辫子紧密连接。

5　把手里的辫子往左边耳朵方向拉，使编好的三股辫尽量压低，与头皮的头发贴合。

6　三股辫编到约耳朵位置的时候抓取耳朵上方的头发开始编加股辫。

7　顺着与耳朵平行的方向继续编加股辫。

8　将额前左边的刘海加入辫子里，保留一小缕头发绕于耳后。

9　把剩下的发尾全部编成三股辫。

10　将辫子顺着头顶绕过去，尽量让辫子贴着头发。

11　把辫子拉到右耳后面，拨开一片头发将辫子的末端固定在里面。

12　用密齿梳将额前至右耳前的头发集中成一束，额前头发形成斜刘海的造型。

13　将右侧耳朵旁边的头发用手抓住，用密齿梳垂直梳顺。

14　将手抓部分的头发以逆时针方向拧成股，沿着耳郭往后拉并固定好。

15　将右边的头发一缕一缕地用卷发棒把发尾烫成型。

16　将花环从头顶沿着辫子的方向戴上去，一直顺延到右边头发上。

适合搭配皇冠的随性发辫

大量使用加股辫的花式编发，精致与随意相互缔结，清晰的辫子纹理无需增加任何修饰，同样呈现出独特的优雅风格，完美的发型佩戴上皇冠，突显高贵典雅的气质，使新娘在婚礼中尽显独一无二的女王范。

1 从头顶抓取一束头发，用发圈扎好，固定在头部中间位置。

2 从成扎的发束中挑取一片头发，将其在发圈位置缠绕，把发圈覆盖起来。

3 先将头顶前面的头发梳成中分，再将左边的头发一分为二，抓取靠后位置的一份头发编四股辫。

4 从靠近头顶的位置开始，以不断加股的方式向后编发。

5 将编发向后拉直，从扎好的发束中挑取一缕头发加入左边的编发中。

6 用手继续挑取一缕头发编加股辫，挑取的发量与步骤5中保持约等即可。

7 以倾斜的角度不断向下进行加股编发，每次抓取的发量尽量相同。

8 将发束约1/2的发量加股编完。

9 将剩下的头发继续分成3股编三股辫，继续保持向内倾斜的角度。

10 将三股辫一直编至发尾，再用发圈扎好。

11 用同样的方法将右半边的头发与中间的发束加股编发，编辫时挑取头发的位置和发量尽量保持一致。

12 把左右两边散落的头发顺着加股辫的方向分别编两条三股辫。

13 将中间剩余的头发向下梳顺拉平，形成绷直的状态。

14 把两边的辫子放在中间位置，用卡子从侧面将辫子和下层头发固定起来。

15 把所有的辫子都固定好了之后，在发尾用发圈将它们一同扎好。

16 将发尾发圈处的头发向内卷，用卡子从里面固定好。

Chapter 4
韩式新娘发型

比起日式新娘的俏皮可人，韩式新娘更推崇素净而精致的发型装扮。发色自然而拥有良好的光泽度，低垂的盘发和光洁的额头，会显得气质温婉出众。发饰不宜太过夸张，展现新娘优雅之美最为重要。

带来自信感的松散中分盘发

松散灵动的发丝巧妙地结合卷发和编发，搭配莹润的珍珠发饰，少了一份沉重老旧，多了一份恬静灵动。自信的笑容中呈现出清雅的气质。

1 用尖尾梳将头发中分。

2 使用中号卷发棒自发梢往上向外卷，左右两部分对称卷烫，高度大约在脸颊位置。

3 每次抓取的头发不要过多，使发卷呈现自然舒展状态。

4 全部卷好后用手指轻轻梳开，并喷上发胶维持卷发造型。

5 注意刘海部位抚平毛糙发丝，打理顺滑。

6 用手指将前半部分的头发向后整理，使头发呈现出一个漂亮的弧度。

7 从一侧的耳后底层挑出一小缕头发编三股辫，前松后紧，并用发圈扎好。

8 用小辫子代替发圈将头发全部绕起，注意不需要太用力，束好即可。

9 用小辫子在头发上绕2~3圈，辫子码好不要重叠，发圈藏在发束里用小卡子固定。

10 整理翘起的发丝，让发尾部分呈现出收敛的感觉。

11 轻抖开发卷，再一次使用发胶定型，让卷发处于最自然蓬松的状态。

12 选择一款透明水钻和莹白珍珠结合的发箍，在头顶正中央或稍微歪斜处戴好。

透露少女感的经典对称编发

自然透露出莹莹光泽的秀发，白色的花朵守候着精致的编发。浪漫的发丝，富有层次感地婉转交织着。

1 将新娘的头发散开梳整齐，用大号的卷发棒卷烫发尾。

2 取头顶一束发片，将发丝表面梳光滑，若碎发较多可使用定型产品。

3 等分出两股头发，左、右两手各握住一股。

4 左边从靠右部分取1/3的头发，从下穿过左边余下的头发至右边。

5 右边以相反的方向，从下方穿过并用右手拿好，再从额前取一缕头发加入编发。

6 新加入的头发搭在向右的所有头发之上。

7 每次加入的头发都搭在朝相反方向偏斜的发片之上，注意编发层次和顺序。

8 取发、编发进行到枕骨位置即可停止，并用小黑卡子固定住。

9 此种编发虽较为复杂，但造型效果细腻精致，注意每次取发均等，用力均匀。

10 从余下的发丝中，取一缕头发代替发圈卷绕散发，将发尾藏好并固定。

11 选用白色丝绒珍珠花蕊花朵造型发饰围绕头顶佩戴，固定好两端。

12 轻轻整理发饰，使花朵绽放，呈现自然美感。

浪漫唯美的对称长垂编发

对称的长垂编发让新娘宛若俏皮的少女，不必担心辫子看起来有乡土气息，用半透明珍珠纱蝴蝶结点缀，浪漫的气息很好地展现了出来。

1　使用径口为16~28毫米的中号卷发棒将头发烫卷，统一方向卷烫使头发的纹理感一致。

2　相比于使用梳子，用手指梳开头发可以使头发更具有空气感，显得弹力十足。

3　从新娘右耳后方取两缕头发，将这两缕头发扭拧，注意力度不要太大。

4　扭拧好的头发一手捏住发尾，一手将头发表面抽松散，并用小卡子固定。

5　继续从右侧头顶至耳后区域取两缕头发扭拧。

6　再选取左侧的头发，扭拧方法跟前两个步骤相同，注意不必扭拧得太长，大约至新娘肩部即可。

7　大致在脑后平均分开两部分头发，分好后将一侧头发编松散的三股麻花辫。

8　另一半头发也是如此处理，麻花辫的高度大约在耳后水平线位置。

9　加入左右两边第二缕扭拧的头发，将两个三股麻花辫编成鱼骨辫。

10　抓住发尾将头发表面抽散，使之呈现自然的蓬松感。

11　将所有辫子在发尾用发圈扎好，在三股辫和四股辫的交接位置点缀发饰。

12　在扎发圈的地方再放一个半透明珍珠纱蝴蝶结，完成整个新娘造型。

娴雅内敛的低位侧花苞造型

松散又整齐的发苞，搭配绿叶白花，从容优雅，雍容华贵的气质尽显无疑。

1 将新娘的头发从发尾开始卷烫，统一朝同一个方向卷烫使得头发纹理清晰。

2 分开左侧鬓发，选中心点横向撩取头顶上部分的头发。

3 将下部分的头发用发圈扎好，可以将上部分的头发夹起，以免影响塑造整体造型。

4 将下部分的头发向里卷成筒状，并在脑后使用小卡子固定好。

5 手指轻轻拉长发筒，并稍微倾斜，注意藏好发尾并使表面稍微松散蓬松。

6 上半部分的头发从右边绕过发筒，向外拧卷，注意表面的头发应光滑。

7 从下方用拧卷的头发绕过发筒的底部，尽量遮盖住发筒根部，并固定好。

8 用左侧预留的鬓发遮盖住上一步绕过的发片，从发筒上方绕过。

9 发苞上方使用小卡子固定好，剩下的发尾拧卷从下方绕过发苞根部。

10 使用细长的梳子尾部轻轻撩开发筒表面的发丝，使之蓬松，显得发量更大。

11 喷上定型产品，确保没有毛糙的碎发翘起，在发筒位置要重点加强定型。

12 选择绿叶白花发饰别在发筒一侧，点缀发型，提升整个发型的完成度。

增添妩媚感的零散低位盘发

鬓边的一缕秀发能够让造型更加年轻浪漫，白色小花发饰与头发自然融合，显得典雅大方，发髻上随意垂落的发丝增添了几分妩媚。

1 将新娘头发二八分，用尖尾梳挑取一小缕头发垂下，其余头发梳整齐。

2 从头顶取发片倒梳，可使头发蓬松，做发型时可以看起来发量更多。

3 将这片头发表面梳理光滑后在脑后位置鼓起一个发苞，并用小卡子固定。

4 分开两侧头发，连同发苞的余发，将中间区域的头发在小卡子下方用发圈扎好固定。

5 使用海绵发圈扎起，其作用是能够有效地使少量头发鼓起，使发量显得充足。

6 将扎起的头发分成几份，将头发卷成发筒，固定在海绵发圈周围。

7 将这束辫子的所有头发都围绕在海绵发圈周围，做出丸子头造型。

8 取左侧区域的头发，将其顺时针拧卷，注意力度不宜太大，拧卷圈数不要太多。

9 这股拧卷的辫子从头上绕过丸子头发苞，遮盖住发苞根部，并藏好发尾后固定。

10 将右侧头发从耳后位置朝逆时针方向拧卷至发尾。

11 将拧卷的辫子横着向左搭在发苞上，藏好发尾后固定。

12 将两朵白色的小花选择两个不同的位置别好。

突显丝丝典雅的简约盘发

简约旋涡状的发苞，线条感极强，搭配白色山茶花发饰，显得新娘高贵、典雅，垂落的叶片和花朵蕴含了丝丝浪漫的情怀。

1 挑取新娘的刘海，使用小号卷发棒，从下到上，从里到外卷烫，高度与脸颊齐平。

2 从脑后取一小股头发紧贴头皮扎好，顺时针拧卷头发至发尾，扎好。

3 将这股头发卷绕在脑后并固定好，沿中线将左右两侧的头发分好待用。

4 先从左边的头发开始，将头发表面梳光滑，用定型产品抚平碎发。

5 左手轻轻扶好发苞，右手将发片绕过发苞上方，左手同时调整发片的位置。

6 将发尾卷绕在发苞上并固定好，注意发尾的线条要流畅。

7 从左侧，取一片底层头发，同样需要将表面梳理光滑。

8 将这片头发顺时针绕过发苞，注意力度不宜太松，尽量拉直头发。

9 继续从下绕过发苞藏好发尾并固定，确保发髻的圆润，使头发有层次感。

10 将最后剩下的一片头发梳理整齐，注意这片头发的发量应较多。

11 逆时针将发片从发苞底部绕上去，使发片尽量遮盖住前两步中方向不一致的发根。

12 固定好发尾后，选择纯白色山茶花造型发饰别在发苞一旁。

复古温婉的低发髻造型

白皙无瑕的自然妆容，加上干净的韩式发型，使整个造型更具魅力。新娘发型的层次感强，发饰与干净整齐的拧转头发结合，使造型更饱满，透露出别致的高贵典雅。

1 在头发上表层取出一束，用大号的卷发棒螺旋烫卷。

2 在头顶取出一小片头发，用打毛梳将头发倒梳，制造蓬松感。

3 分别在耳朵旁取出两片头发，并扭转在头发的中心处，用卡子固定。

4 将白色发带打结固定于头发上，并将固定结藏在垂落的头发底层。

5 把左侧的头发分出一小束，注意发量要少，过多的头发不便于塑形。

6 在右侧也分出等量的头发，再将左侧分好的头发与右边的头发握在一起。

7 将两束头发扭转，注意两束头发要自然叠加，不能让头发松散。

8 将扭转好的头发向左边叠加并使用卡子将其固定在头发的左侧。

9 继续在左侧分出一小束头发，用手将其扭转，注意控制力度。

10 将左侧的头发扭转，并将其拉向右边与等量的头发再次扭转并固定于右侧。

11 重复上一步的动作，在左侧分出一小束头发扭转并向右固定。

12 将卷好的头发往里收，做成一个小发苞，注意要与之前的头发一起打理均衡。

13 把最后剩余的头发全部扭转，注意手的力度要大，并收紧。

14 将扭转好的头发往底部收起，注意要将发尾藏在里面。

15 将头发两侧的发丝卷起并往后收，可以轻轻扯丝，使其饱满。

16 将头顶至鬓角的头发用中号卷发棒向外卷，卷发的高度大约与眼睛齐平。

突显轻松随性的高发髻造型

花苞形的高位盘发衬托出新娘肩颈的完美线条，蓬松的发丝搭配带钻的冠状发饰，让新娘尽显随性的同时不乏俏皮可爱。

1　先将刘海四六分，将右侧刘海用卷发棒向内卷烫。

2　将头发分成两个区域，并将上面的头发盘好，用卡子固定。

3　使用卷发棒将左侧的头发向右内卷，高度大约与下巴一致。

4　将上面的头发放下并用发圈绑马尾，注意不能使头发松散。

5　用手拉扯马尾下方的头发，使其蓬松自然，有空气感。

6　从马尾的左侧分出一小束头发，扭转头发并将其扭紧。

7　将左侧卷好的头发缠绕余发，以代替发绳。

8　将头发分成两束，用手分别扭转头发，注意力度要大，将头发扭紧。

9　把扭转好的头发盘卷叠加到上方，卷成花苞形状。

10　将最后一束扭转好的头发盘到头上，使其与发苞完美融合。

11　用手再调整一下卷好的头发造型，使造型饱满。

12　选择白色带钻的花冠式发饰，将其用卡子固定在头顶。

13　用手轻轻拉扯刘海，使其自然蓬松，造型完整。

14　用小号的卷发棒从发尾开始将刘海向外卷烫，高度与额头一致。

15　使用发蜡涂抹卷好的刘海，使其保持良好的卷度。

16　最后使用定型喷雾给头发定型，使发型不松散。

打造完美精致度的婉约盘发

除了将精力放在盘发上，对于发饰的搭配也相当讲究，往往能够达到瞬间强化风格的作用。珍珠发插和头纱与洁白的婚纱从颜色、质感、风格等各方面都达到了统一，极力突出新娘的温柔气质。

1　将头发以向内卷烫的方式烫好，束成一个光洁的高马尾辫。

2　从这束马尾的一侧选取一片头发，并用手将一些连带的毛糙发丝捋平顺。

3　利用食指作为辅助，将这片头发向外卷成一个圈，用黑色卡子将其固定好。

4　将发尾沿着形成的圈状发束，以相同的方法向外翻卷制造出另一个圈。

5　用黑色卡子将这个圈状发束从侧面与发根的头发固定好，并将卡子隐藏于头发中。

6　从马尾中继续选取一片头发，用两个手指作为辅助，将其缠绕成一个圈状。用黑色卡子将其固定。

7　利用上一步保留下来的发尾，缠绕成型后与之前形成的圈状发束紧密固定在一起。

8　往左的位置上从马尾中继续选取头发，与之前选取的头发发量保持相近即可。

9　继续沿着成型的头发，在旁边选取一片头发，同样地将其捋顺。

10　将这片头发用两个手指作为辅助，围着手指缠绕一圈，沿着之前的圈状发束固定好。

11　将剩余的头发以相同的方法与圈状发束紧密地连接固定在一起，逐渐形成一个半弧形发髻。

12　在靠右的位置，从马尾中选取一片头发，向外拉的同时将发丝捋平顺。

13　用两个手指作为辅助，从发根位置开始，将头发围着手指缠绕成圈状后往下固定好。

14　将最后一片头发拉出来，从发根开始围着手指缠绕成圈，然后固定在一个比较空的地方。

15　用黑色卡子将圈状发束从侧面固定好，并将卡子隐藏在头发里。

16　将准备好的珍珠发插零星地点缀在发髻上，形成温婉感，在发髻下方的位置，将短头纱戴上。

优雅大气的低位中分盘发

尽情地展露新娘光洁的额头，低位发髻虽简洁但却不失细节的美感，不显一丝累赘。配以长头纱和水晶皇冠发饰加入了更多韩式元素，搭配干净透亮的经典韩式裸妆，看上去和谐自然。

1 从头顶开始以鼻梁作为参照界线，将头发一分为二，分别置于头部左右两侧。

2 从头部左侧开始，将头发以耳郭为界分成两部分，分别固定于耳朵前后位置。

3 在头顶选取一片头发，并用打毛梳往发根方向逆梳打毛，使头发更有蓬松感。

4 将这片打毛的头发集中在一起，固定在脑后并使头发向上轻拱，保持蓬松的状态。

5 用黑色卡子将脑后的头发固定在脑后中间位置，注意用头发将卡子隐藏起来。

6 选择一款简约的水晶发饰，将其佩戴于头顶中间位置上。

7 一只手轻握发饰，以确保发饰居中，另一只手从左右两侧将发饰固定牢固。

8 将右侧耳郭前方位置上的头发集中成一束，用手掌将毛糙的地方抚平。

9 将这片头发分为3股，沿着头型垂直向下编一条细的三股辫。

10 从左侧相同的耳郭前方位置选取一片头发，分为3股后向下编三股辫。

11 将脑后散落的头发平均分为两束，将左侧的那束头发与左侧编好的辫子集中在一起。

12 两束集中的头发，将发尾分为3股后，垂直向下编三股辫。

13 将脑后右侧头发与右侧编好的辫子集中成一束后，用发圈从发根处固定好。

14 将右侧的头发收拢，以一个定点为圆心旋转缠绕。

15 将左侧的辫子与左侧成型的发髻相互缠绕，形成一个纹理丰富的发髻。

16 将头纱遮盖于发髻上，用黑色卡子从上方将头纱与头发固定在一起。

简洁至上的低发髻造型

简洁的低发髻给人清爽温婉的感觉，搭配纯白色的花朵发饰，实为点睛之笔。

大偏分很好地修饰了脸部线条，带点韩式复古风格的低盘发典雅而温婉，亮眼的发饰必不可少，洁白美丽的花朵发饰是造型的关键。

在脑后取一大片头发，以顺时针方向扭转成一股，并将发根位置稍微向上推高后固定。

继续取出一片左侧的头发，扭转后，往脑后位置拉，并用卡子固定好。

将固定好的头发发尾部分向上卷，形成一个小发髻，用卡子固定在脑后位置。

从头部右侧取出一片头发，扭转成股后，向脑后位置拉并固定好。

将剩下散落的头发从右侧开始取出一片头发，等分成3份，开始编三股辫。

把编好的三股辫和散落的头发相互缠绕，向上卷成圆形发髻。

将黑色卡子垂直插入成型的发髻内，可以撑起发髻，使发型更饱满。

将若干朵白色花朵依次别在发髻左侧位置。

适合搭配长头纱的低发髻盘发

将头纱装饰于简单的低发髻上使其自然垂落，轻盈飘逸的长头纱让新娘曼妙的身姿若隐若现，富有层次感的头纱设计带来一种梦幻的感觉，同时彰显柔美，适合搭配拖尾婚纱。

1 将头发从发根至发尾全部烫卷成大螺旋状，放置于背后。

2 用按摩梳把头发从上到下梳散，保持头发卷曲度的同时使其蓬松。

3 在头顶中间位置抓取一把头发，用发圈将其扎好。

4 将发圈以下的头发分成3股，向下垂直编三股辫。

5 把三股辫向上提，以发圈位置为圆心，卷成一个花苞形。

6 以耳郭为界，把头发分为两份，分别置于胸前和背后。将背后的头发再分为两份，将其中一份编三股辫。

7 用手托着辫子向上提起，在发圈位置将发尾缠绕并固定起来。

8 同样将背后的另一份头发垂直向下编成三股辫。

9 将辫子提起形成一个弧度，将其环绕至发圈位置固定。

10 从右边胸前挑取一缕头发放到背后，分为两份之后交叉拧成股。

11 将拧成股的头发环绕于已成型的发髻上，用卡子固定好。

12 从左边胸前挑取一缕头发放到背后，用与步骤10一样的方法拧成股。

13 沿着发髻把成股的头发缠绕于外层，保持自然松散的状态。

14 把胸前剩下的头发都向后拉，按照两股交叉的方法拧成一股。

15 继续把拧成股的头发沿着发髻缠绕，用手托着头发形成弧度，固定在发髻上。

16 用手适当地将发髻的头发拉扯松散，呈现自然蓬松的状态。

Side

Back

适合搭配短头纱的简洁盘发

低发髻的盘发搭配网格短头纱，头纱装饰于头顶后方，花朵发饰作为点缀，更好地展现出新娘精致的五官和光洁的领部，丝毫不会感觉累赘，简约清新的风格并不失优雅，适合搭配气质甜美的公主裙婚纱。

1　在额前抓取一小把头发作为刘海，用细齿梳梳顺。

2　用卷发棒将刘海发尾部分成45°角内卷1圈进行卷烫。

3　将全部头发从发根至发尾都烫成大螺旋状，置于背后。

4　用按摩梳把头发从上到下梳散，保持头发卷曲度的同时使其蓬松即可。

5　从左边发髻处抓取一把头发，向后旋转成股。

6　在耳朵后面拉取一缕头发向上固定起来，使耳郭周围的头发不散落。

7　重复同样的步骤将右边的头发旋转成股拉到后脑位置，用黑色卡子固定。

8　将左右两边旋转成股的头发集中到中间位置，用黑色卡子连接起来。

9　把左右两边剩下的头发用交叉旋转的方法缠成一股。

10　将拧成股的头发向上提起，用手轻轻托住头发中间位置。

11　把发尾部分提到左右两边头发集中的位置，保持头发中部形成自然的半弧状。

12　用黑色卡子把发尾在左右两边头发的交汇处固定起来。

13　将白色的网格短头纱从头顶绕过耳朵，往下将头发覆盖起来。

14　把头纱撩到左右两边头发集中的位置，露出下面的发髻。

15　两侧的头纱都撩起来后，将剩余的头纱往上翻折，再用卡子固定起来。

16　用一根带有花朵的发带从左边沿着发髻戴在头纱上，形成一条斜线。

Side

Back

适合搭配皇冠的花式编发

疏松的编发带着一丝慵懒性感的气质，保留两根卷曲的发丝于脸颊两侧，彰显十足的女人味，皇冠的佩戴丰富了整体造型，成为亮眼的点缀，搭配纹理精致的婚纱，适合在教堂举行神圣的婚礼仪式。

1 从头顶抓取这把头发集中于头部中间位置。

2 用手指将这把头发分成发量相等的4份，保持头顶的头发平整。

3 开始将4份头发编四股辫，编发时尽量使头发保持比较稀松的状态，不宜太紧绷。

4 编到约4~5步的时候，抓取右边的一束头发加入编发中，抓取的发量可略多。

5 继续往下编发，在头部左侧抓取同上一步骤中相等数量的头发。

6 再次编到约3~4步时，将左侧抓取的头发加入编发中。

7 以垂直的方向继续编四股辫，松紧度尽量保持与之前编制的辫子一致。

8 再次编到约4~5步时，从右边抓取头发加入编发。

9 继续向下编1~2步，从左边抓取头发加入编发。

10 用剩下的发尾继续编四股辫，注意分股时保持粗细均匀。

11 编到2~3步时在右边抓取头发加股继续编发。

12 重复以上步骤继续向下有规律地进行加股编发。

13 将头发编到发尾后用手将加股部分的头发稍微向外拉扯，增加层次感。

14 用发圈将编好的头发在发尾处扎好固定起来。

15 把发圈位置的发尾向内卷入，用卡子从里面将其固定。

16 在头顶处戴上钻石皇冠，用卡子将皇冠与头发固定住。

Chapter 5
时尚简约新娘发型

　　不必浓妆艳抹，不会矫揉造作，简约而自然的造型会让婚礼当天的新娘美得不可方物。时尚简约新娘发型的重点在于，每一缕发丝都要营造出随性的效果，配饰的色彩也要清新自然。

充满空气感的披肩卷发

自然散落的空气感卷发，尽显新娘温柔气质，额前简约发辫和细碎花材的配合，使整体发型效果更具有优美的韵味，完美突显新娘精致的五官。

1 将头发分成两层，横向取上层头发，将其盘起并用卡子固定。

2 将散落的头发从左侧抓取一小束，选择径口为22~28毫米的卷发棒，开始烫左侧头发。

3 拿起中间区域的头发，用中号卷发棒，从发根开始逆时针向外卷烫。

4 取头顶一小股头发，用卷发棒将头发往里烫卷，保持高度与头顶一致。

5 将头发上部分分层，并用打毛梳将其往里倒梳，使其蓬松。

6 用尖尾梳将刘海分出一小股，稍弯曲的分界线更显自然。

7 用手固定头顶刘海的头发，用打毛梳将发根处的头发倒梳。

8 用大号的梳子将刘海的头发往右侧梳理整齐，使其柔顺自然。

9 用卷发棒将刘海部分向内卷烫，和旁边的头发保持卷度一致。

10 将烫好的刘海分成两份，并编成两股辫，将其朝脑后位置提拉。

11 对头发进行三加一编发，编辫方向要向后延伸，注意发量均匀。

12 将编好的辫子从耳朵上方水平向后横放，并用卡子将其固定。

13 继续向脑后编发，加入辫子的头发应该取量均匀，力度保持一致。

14 对头发进行三加一编发，注意叠加的头发发量要少，用卡子将编发固定在中心点处。

15 将两侧的头发分成两束，扭转至头发中部并用卡子将其固定。

16 选用一个森系的花环，将其固定在刘海的上端，提升发型完整度。

营造凌乱细节的插花发辫

将清爽的编发融入随性的空气卷发中，用编发刘海打造露出额头的发型，既有立体线条又清爽怡人。蓬松披发与规整刘海对比相生，在花朵发饰的衬托下又多了几分温柔浪漫。

1 将头发分成两层，上面一层盘起并用卡子固定好，分多次将头发向内呈45°卷烫。

2 把上面的头发放下后梳顺，用尖尾梳在额前分出一小束股刘海。

3 用手将刘海平直拿起，并用尖尾梳将头发向发根处打毛。

4 用手将刘海扭转，并用卡子将其固定在头顶中心点处。

5 将刘海向后梳，使其在头顶位置拱起一个发苞并固定。

6 将头发均匀分成三等份，取中间的头发，编三股辫。

7 发辫编好后，用手轻扯发丝使其自然蓬松。

8 将左侧的头发重复上面的动作，编三股辫。

9 将右侧头发以同样的手法编织成辫，用手轻轻拉扯头发，使其蓬松。

10 将左右两侧编好的发辫往中间合并，并用卡子固定在中心点。

11 完善左右两侧头发的发尾处，对其进行编发并扭转在一起。

12 选择几根卡子，将扭好的头发固定好，加强稳定性。

13 用中号卷发棒将刘海向外卷烫，使其保持自然卷度。

14 用手将刘海拉丝，使其分成几小束并自然向上卷翘。

15 选择一款清新的白色小发饰，将其均匀地分布在头发上。

16 将粉色花饰叠加在白色的发饰上，让整个造型更完整。

随性慵懒的侧边单股发辫

中长卷发编织而成的侧麻花辫，充分突显了女性的清新与甜美，搭配一款空气感刘海，倍感轻盈。饱满而具有蓬松感的发辫自然摆动在右侧肩头，散发出迷人的气质。

1　在头发的顶部分出一个小区域，用梳子从区域中的最下方分出一小束头发。将区域中其余的头发用卡子固定好

2　用卷发棒将分好的头发向内卷烫，角度保持平行。

3　把烫好的头发用长夹子固定在上方，将头发分成两层。

4　用手从头发左侧分出一小束，用卷发棒向内卷烫，高度与耳朵保持一致。

5　将剩余的头发全部卷入卷发棒内，保持水平。

6　将之前固定住的头发全部放下。用尖尾梳的尾部把头发进行四六分，并梳理整齐。

7　用手将左边分好的头发进行花式编发，微扯头发使其蓬松。

8　对右侧的头发进行三加一编发，往中间靠拢。

9　把剩余的头发全部进行编发，尽量抽散，使之蓬松、轻盈。

10　编至发尾，预留10厘米长的头发，用发圈扎好。

11　将头发拨弄到右肩处，用手指抽取头发表面的发丝。

12　加强发尾的固定，再次使用发圈将其固定。

13　用手将刘海处的头发扯丝，使其自然向后卷曲。

14　用手将适量发蜡涂抹在刘海处，使其卷度保持得更持久。

15　用卷发棒将刘海处的头发向外卷曲，保持自然弧度。

16　选择一款粉色的花朵发饰，将发饰装饰在头发的左侧。

阳光开朗的花环型盘发

巧妙利用自然粉色腮红打造自然好气色，经典的美式发簪与编发带来美式休闲与阳光美感。
通过妆容和发型的塑造，就能轻松打造出青春洋溢的美丽新娘。

1 用径口为 22~28 毫米的卷发棒将新娘的全部头发从发梢开始向内卷烫。

2 用手取头顶的发片，注意选取的发量要多。

3 用梳子将发片倒梳，使头发蓬松，做出的发型看起来发量更多。

4 将倒梳的头发表面梳理光滑，在脑后拱起一个发苞并用卡子固定。

5 从右侧刘海处取一束头发，朝向脑后将其编三股辫。

6 使用卡子将编好的头发固定在后脑中部，注意不要让头发松散。

7 在左侧刘海处取出等量头发，并将其朝向脑后编三股辫。

8 将左右两侧编好的头发在脑后中心点交叉并用卡子将其固定好。

9 将余下的头发分成两份，将左侧的头发编四股辫。

10 编发的同时，注意力气不必过大，同时可以给头发扯丝。

11 继续给右侧的头发编四股辫，注意要与左侧保持一致。

12 同样在编发的同时，可以给头发扯丝，使其自然蓬松。

13 将左侧编好的头发向上折叠，并用卡子固定在左侧耳朵旁。

14 重复上述动作，将右侧编好的头发固定在右侧耳朵旁。

15 选择粉色的花环发饰，用卡子将其固定在新娘头顶上方。

16 喷上定型产品，可以保证秀发持久定型，不松散掉落。

减龄感的空气刘海盘发

用鲜花打造出的别具一格的发型，更是小清新风格的首选，无论是长发、盘发还是短发，你都可以让头发与自然亲密接触。

将刘海分出一小束，用卷发棒将其向内烫卷，打造空气刘海。

以耳朵为水平线，分成上下两个区域，并用夹子固定上部的头发。

用手将头发均匀地分成5等份，取一束头发。

使用大号卷发棒将头发依次向内卷烫，高度大约与下巴保持一致。

放下上部的头发，为保持轻盈、具有空气感，用气垫梳把头发梳理顺畅。

用发圈给头发扎马尾，注意不需要太用力，保持头发的松弛度。

在发圈的捆绑处，将扎好的头发平均分成两份，预留中间的空位。

用手将马尾翻转，从中间空位穿过，并拉扯出全部马尾。

用手指将翻转成型的发筒轻轻拉扯，让发筒的弧度更饱满。

使用发圈，在距离第一根发圈10厘米处将马尾再次扎好。

把两个发圈之间的头发平均分成两份，预留中间的空位。

将马尾从下往上进行翻转，穿过预留的空位，并拉扯出全部马尾。

用手指将翻转成型的发筒线条轻轻拉扯，让造型更蓬松饱满。

选择一款绿色的花梗发饰，并倾斜45°固定在发型的左侧。

将黄色的小花以点缀的方式固定在花梗上，注意要自然分布。

最后一步使用发胶固定，让两侧的头发保持自然蓬松的状态。

纯净写意的低位盘发

清新自然的造型不一定要用鲜花来作点缀，用小草的发饰也可以仙气十足，让你美出新高度。不动声色就可以提高新娘纯净写意的气质，流露出新娘眼中满满的爱意。

用中号卷发棒将头发分缕向内卷烫，高度大约与眼睛保持齐平。

在头顶取一个发片，用卷发棒将其卷烫。

用手在右侧分出两束头发，注意发量要均等。

将两束头发交叉拧转，注意拧转力度不要过大。

将拧转成型的头发用手指轻轻扯松，使弧度线条更明显。

用卡子将拧转好的头发固定在后脑正中处，并作为造型的中心点。

继续用手在左侧位置取出两束等量的头发。

将这两束头发进行交叉拧转，扭转至发尾，注意力度不宜过大。

将拧转好的头发用卡子固定在后脑中心处，调整两束头发。

用卡子加强固定好右侧拧转好的头发，防止其松散掉落。

用手将之前右侧拧转成型的发尾扭转，使其紧实。

将发尾从下往上做花苞形收拢，并用卡子固定于头发底部。

用手将之前左侧拧转成型的发尾扭转，保持紧实。

将扭转好的头发从下往上做花苞形收拢，并用卡子固定。

选择一款植物发饰，并沿着拧转好的头发佩戴好。

用手做最后的调整，使植物发饰排列有序且紧实。

优雅唯美的永生花造型

将简单的发饰隐现在两鬓间，纯净之感令人窒息，唯美之感令人难忘。白色与红色的组合能突出新娘的优雅，若再搭配上浪漫的卷发，就更能衬托出清丽的气质。

1. 从头发左侧取出一小束头发，并用大号卷发棒向内卷烫3~4圈。

2. 把头发分为三个区域，选取右侧的头发分成两束，发量要均等。

3. 用手将这两束头发进行扭转，注意力度不用太大，避免过紧。

4. 用手指轻轻抽松发丝，让每一股头发的弧度基本一致，使其蓬松。

5. 将扭转好的头发向上绕卷成一个松散的发苞，并固定于脑后。

6. 选取中间的一小束头发，将其分为上下两层。

7. 把分好的两束头发扭转在一起，注意手的力度不必太大。

8. 用手指轻轻抽松发丝，让每一股头发的弧度保持基本一致。

9. 扭转好的头发向上绕卷并固定，注意将两个发苞连在一起。

10. 用手将剩下的头发分为上下两层，发量保持一致。

11. 把分好层的头发进行扭转，注意手的力度不宜过大。

12. 用手指轻轻抽松发丝，让造型线条丰满，自然蓬松。

13. 扭转好的头发向上绕卷，用卡子将其与之前两个发苞并排固定。

14. 将侧边的卷发轻轻抽取发丝，注意不必太松散，有层次即可。

15. 把永生花的发饰插在发苞的左侧，右侧放一朵与之相呼应。

16. 用发胶给头发进行定型，让造型更持久，不松散。

运用花朵覆盖法的披发

大面积地使用细小的叶条将头顶覆盖，与蔓藤和花共同形成了一张密集的网，有意想不到的装饰效果。

1 用尖尾梳挑出右侧一片头发，将这片头发分为均等的两束，然后按交叉并拧转的方式拧转一次。

2 往头顶发际线方向挑取一缕头发，接着叠放到其中一束头发上。

3 把这条挑取出来的头发在靠近发根的位置沿着拇指和食指缠绕一圈。

4 将剩余的发尾从两个拇指中间垂直缠绕，形成一个蝴蝶结状即可。

5 沿斜向下的方向持续编制蝴蝶结，形成5~6朵即可，剩下的发尾可编成三股辫。

6 依次选取小片头发用卷发棒卷烫，注意卷发棒保持垂直方向。

7 将左侧头顶的头发沿着耳郭向后拉取，用卡子固定在脑后中间位置。

8 将发尾的头发横向绕拇指和食指一圈，两个手指间隔约3厘米。

9 再用剩下的发尾从拇指和食指中间将之前的头发缠绕，形成蝴蝶结状。

10 最后用黑色卡子将蝴蝶结状的头发固定于拉取的左侧头发下方。

11 在头部后面靠左的位置上插入若干枝玫瑰，所挑选的玫瑰应大小不一。

12 沿着玫瑰花向上插入几枝龙柳，用手轻轻整理成微半弧状。

13 朝持续往右的方向插入若干枝龙柳，直至延伸到玫瑰花处。

14 在龙柳围成的头顶区域内插入一大束细叶藤，以从侧边开始为佳。

15 将所有的细叶藤插好后，将竖起来的藤蔓压平贴在头发上后用卡子固定。

16 在玫瑰花的旁边斜插入2~3枝尤加利叶，可长短不一，显得自然。

运用发射造型法的发辫

具有自然凌乱感的发辫点缀上以绿色为主的花材，避免了采用多种色彩各异的花材带来的艳俗感，显得特别清新脱俗。

1 把头发全部烫成玉米须后，用卷发棒从头发右侧开始烫卷。

2 左侧与右侧一样，每次抓取的发量和卷度尽量一致。

3 抓取脑后左侧的一片头发稍加扭转后固定在中间位置。

4 用相同的方法抓取右侧的一片头发，也固定在中间位置。

5 用卡子将两边交汇的头发固定在一起，用头发将卡子隐藏好。

6 从两侧头发交汇的中间位置向下挑取两束头发，相互拧转。

7 将这两束头发分别拱成一个镂空的圆圈，形成一个蝴蝶结状。

8 在蝴蝶结下面靠近左边的位置选择一束头发垂直向下编三股辫。

9 将散落的头发与这根三股辫在此再次编制三股辫，尽量保持在头部中间位置。

10 将头顶的头发稍微向上拉取，塑造比较蓬松自然的感觉。

11 在辫子的最顶端中间位置将若干枝聪明豆插入头发里。

12 在插好的聪明豆中间，选择一枝迎客豆将其加入到里面。

13 在聪明豆的左右两边分别加入两枝桔梗花骨朵和一朵桔梗花。

14 在花饰的左侧斜插入一枝聪明豆的叶子和尤加利叶，使叶片集中外露。

15 分别在花饰的左右两边加入两枝黄金球，分布位置可不对称。

16 在辫子中间的聪明豆旁可加入一小枝黄金球，末端加入桔梗花骨朵。

运用顺延装饰法的编盘发

沿着辫子边缘进行花材的组合装饰，呈现出的蜿蜒形状更显层次感，散落的发丝使新娘看起来更加柔美。

1 从右侧起，抓取一片头发，用卷发棒倾斜45°将全部头发烫卷。

2 将头发三七分，在发量多的一侧的头顶处沿着头皮编三股辫。

3 把编好的辫子用手轻轻拉扯松散，达到遮盖和修饰额头的作用。

4 从头顶，沿着编好的辫子再另外编制一条三股辫直至发尾。

5 将背部剩余的头发从头部右侧开始，以不断斜向上旋转的方式向左侧集中。

6 将束股头发轻轻拉扯松散，使几根发丝垂落至脖子处。

7 把成束的头发发尾提至约头发三股辫位置处，用卡子固定好。

8 将左边编好的两条辫子垂落的发尾同样提至成束的头发固定处进行固定。

9 一些较短的散落的头发则以两两交叉旋转的方式形成一条发辫。

10 将这条旋转的发辫缠绕起来，形成一个发苞固定在辫子下面。

11 沿着左侧辫子的边缘，从头至尾插入若干枝珊瑚果叶子部分的枝条。

12 在插好的珊瑚果叶条的右下侧插入几枝珊瑚果。

13 沿着叶条插入完整的珊瑚果，数量及长度与枝条保持约等即可。

14 再沿着插好的珊瑚果将其包围，形成枝条-珊瑚果-枝条的组合形式。

15 沿着从头顶往下的方向，在珊瑚果中间插入3~4枝黄金球。

16 在黄金球集中处的周围可零星插入几枝迎客豆。

运用 S 形装饰法的低马尾

沿着低马尾的旋转纹理搭配绿植，与发丝完美融为一体，绿植和花朵的配合充满了大自然的气息，给人以清新之感。

1 将头发用卷发棒烫卷后，在头顶中间抓取一片头发，使发根蓬松，拧转发尾并将其固定好。

2 沿着头顶中间成型发苞的右侧，再抓取一片头发，使发根蓬松后固定。

3 将右耳耳郭处的一片头发向上提拉，稍加旋转后用黑色卡子固定。

4 右耳耳背处散落的头发也旋转向上提拉，再用黑色卡子固定好。

5 将头顶左侧的头发抓取一片，与头顶右侧抓取的发量约等，位置相对。

6 沿着左耳耳郭处抓取一片头发，把头发旋转后固定，露出耳朵。

7 将左耳耳郭处的头发发尾分为两股交叉旋转，贴着头皮拉到脑后中间位置。

8 将右耳耳郭处的头发也按照同样的方法拉至脑后，与左边的头发形成一个环状。

9 将背后剩余散落的头发从旁边挑选一缕，将其从发根处把头发缠绕成一束。

10 从成束头发的发尾处再挑取一缕，在整束马尾的1/2处将这束头发缠绕。

11 从头顶至马尾用绿植搭配出蜿蜒曲折的线条，呈现出一个近似"S"形，沿着头发的线条插上洋桔梗。

12 逐渐将洋桔梗的周围用花骨朵堆积丰富，并向头顶延伸插入1~2朵。

13 在洋桔梗和花骨朵连接的凹陷处插入一枝黄金球，保证使发饰紧密连接。

14 在花饰的靠右侧处斜插入2~3枝约等长的天冬，使植物并列集中。

15 选择一枝较长的天冬，在马尾靠近发根的位置沿着纹理将天冬插入缠绕。

16 沿着马尾的纹理，持续插入若干条天冬，可旋转角度将一部分天冬隐藏在头发里。

运用藤包叶装饰法的发髻

不同于鲜花带来的甜美，简单而质朴的植物搭配让人有清新脱俗的视觉感受，而细长的植物伸展赋予了发型随意的线条感。

卷发棒以垂直向下的方向，从头部右侧开始每次选取一样的发量进行卷烫。

从头顶右侧位置抓取一片头发并一分为二，再将两股头发交叉旋转。

以斜向下的方向继续将头发交叉旋转，松紧程度适中即可。

把这两股头发旋转到约占整条头发的1/2处后用黑色卡子固定好。

将头顶中部的头发卷起固定。在两鬓处预留两缕发丝，再将下面左侧的头发集中向上翻卷至靠近成股头发处固定。

将头顶中间位置的头发放下，编三股辫，保持略松的纹理效果。

将辫子编制约2~3步，即编到成股头发的位置后便可用卡子固定好。

将右耳耳郭处的头发发尾分为两股交叉旋转，贴着头皮拉到脑后中间位置。

把右侧已成股的头发全部集中在手上，把发尾往发根处收，用黑色卡子固定好。

把所有的发尾卷好后，将一些松散的地方用黑色卡子固定好。

在头部靠右侧的地方选择一个较凹陷的位置，插入一枝迷雾泡泡。

选择一些更长的龙柳，插入头发后将其绕过头顶，形成半弧状。

在迷雾泡泡的左侧插入两枝长短不一的龙柳并将其弯曲形成一个半弧。

在龙柳形成的半弧区附近随意插入2~3枝珊瑚果和聪明豆。

沿着聪明豆的右侧插入一小簇迎客豆。

在迷雾泡泡旁边，选择一个比较空的位置，插入一枝黄金球。

适合搭配短头纱的编盘发

网眼头纱是头纱中最短的款式，不同于长纱略显累赘的长度，短头纱以其小巧俏皮的外观再搭配上渔网的材质，与可爱俏丽的麻花辫巧妙融合在一起，看起来既时髦又清爽，特别适合年轻有活力的新娘。

1 把头发分成上下两个区域，用卡子固定上区的头发。

2 从右侧开始，使用大号卷发棒将发尾向内烫螺旋卷。

3 保持朝统一的方向烫卷，使头发卷度一致，高度与下巴齐平。

4 将头发全部散开，使用大号梳子梳理头发，让头发自然蓬松。

5 用尖尾梳以"Z"字形将头发分为左右两半，右侧发量比左侧多。

6 在右侧，从发际线依次取发至鬓角，将右边的头发进行三加一编发。

7 用手将编好的头发轻轻扯丝，力度不可过大，使其自然松散。

8 在左侧，从发际线依次取发至鬓角，将左边的头发进行三加一编发。

9 用手轻轻拉扯辫子，左右保持一致，使线条松散，造型饱满。

10 将右侧的辫子往左侧放置，在头部下方的中间位置用卡子固定。

11 把左侧的辫子往右侧放置，并叠加固定在头部下方的中间位置。

12 整理两条辫子，将它们叠加形成一个发包，使衔接自然。

13 选择一款短头纱，把头纱放置在头顶稍靠后的位置。

14 沿着辫子用卡子固定住头纱，注意要隐藏卡子。

15 在头纱顶部佩戴小花发饰并用卡子固定，使造型完整。

16 用定型产品将鬓角处的碎发固定，抚平毛糙，保持头发的造型。

适合搭配长头纱的编盘发

这款盘发的设计让人眼前一亮，独特的造型，配上小披风样式的头纱，突显出新娘的纯洁、谦逊。

1 把头发分成上下两个区域，用卡子固定住上区的头发。

2 在下部头发的左侧挑出一小束头发，注意发量不必过多。

3 使用中号卷发棒，按照内卷螺旋的方式将下部的头发依次烫卷。

4 将头发以1：5：1的比例分成3个区域，并用手握住中间的头发。

5 从头顶取出一小片发片，注意发量不宜过多，也不能太少。

6 用尖尾梳将头发倒梳打毛，使其自然蓬松，使头型看起来饱满。

7 把头发放下来，使用尖尾梳将头顶的头发表面梳理光滑。

8 将刘海的发丝拉扯出弧度并用发蜡将其固定，稳固造型。

9 将中间的头发编四股辫，注意编出的发辫不宜太紧。

10 将编好的四股辫的发尾向内卷绕收于后脑下方，并用卡子固定。

11 用手指将四股辫的发丝轻轻拉扯，使其线条流畅，造型丰满。

12 用手将右侧剩余的头发扭转至造型底部的四股辫中，使其衔接自然。

13 用手将左侧剩余的头发也扭转至四股辫中，注意整体造型要自然统一。

14 将长头纱放置于造型的中心点，并使用卡子将其固定，防止掉落。

15 将发饰叠加放置在长头纱上，使用卡子将发饰固定住。

16 使用定型喷雾定型。让卷发处于自然蓬松的状态。

适合搭配海岛饰品的发辫

蓝天白沙还有飞扬的裙摆，在大海的见证下许下一生的誓言。将海岛小饰品运用到造型中，搭配浪漫的内卷式发髻是夕阳海滩婚礼的梦幻组合。随着海风的吹拂，可感受最不一样的幸福。

1 横取头发，将头发分为上下两个区域，用卡子固定。

2 用中号卷发棒将右侧下部的头发向内烫卷，高度与下巴一致。

3 使用卷发棒将下部左侧的头发向内烫卷，与右侧保持一致。

4 保持水平角度，使用中号卷发棒将刘海从发根向后烫卷。

5 选取头顶区域的一片头发，注意发量不能过多，也不能太少。

6 用尖尾梳将头发倒梳打毛，使其自然蓬松，使头型看起来饱满。

7 将倒梳过的头发放下，用尖尾梳将头发表面梳理光滑。保留左右两边最外侧的发卷。

8 将头发分成左右两个区域，两边的发量要保持一致。

9 将右边的头发编三股辫，注意编出的发辫不宜太紧。

10 用手指轻轻拉扯编好的头发，让其松散，蓬松饱满。

11 将左边的头发编三股辫，与右边保持对称。

12 用手指轻轻拉扯编好的头发，使两侧头发保持一致。

13 将两股编好的头发交叉叠加，并在头发下端固定。

14 将海星发饰佩戴于头顶左侧并用卡子固定，防止掉落。

15 使用带有白色小花的发饰装饰在马尾上，使造型更完整。

16 最后喷发胶将发丝固定，保持发型的自然蓬松饱满。

适合搭配帽饰的披发

将相近气质的花材同时运用到头饰和捧花中，整体造型绿意盎然。

1 把头发用梳子梳理通顺后全部置于背后，每次选取一片用卷发棒卷烫。

2 将额前的头发偏分，在发量多的一侧用卷发棒往额内进行内卷烫。

3 在头顶中间的位置挑取一大片头发，用梳子往发根方向逆梳打毛。

4 从左耳耳郭上方选取一片头发，扭转成股用卡子固定在脑后中间位置。

5 从右耳耳郭位置选取与左边发量相同的一片头发扭转成股，固定在脑后中间位置。

6 沿着左耳成股的头发下面，挑取一片头发，将其平均分为三份，编三股辫。

7 把编好的辫子往脑后中间位置拉，并用手将辫子纹理拉扯松散。

8 用黑色卡子将辫子的发尾与成股的头发一起固定于脑后中间位置。

9 沿着右耳成股的头发下面，挑取一片头发，用与左边同样的方法编三股辫。

10 用手指轻轻拉扯编好的头发，让其松散，蓬松饱满。

11 将帽饰置于头部左后侧位置，用卡子将其与头发固定在一起。

12 在帽饰旁边，从头顶垂直插入两枝短的宝石花。

13 选择长短不一的麦穗，将其垂直插在宝石花的旁边。

14 准备一大束长寿草，将枝干修剪整齐后插入麦穗旁边。

15 选择一枝长的麦穗，在帽饰边缘的空位上垂直插入。

16 修剪好一枝尤加利果和浆果，从麦穗旁垂直插入帽饰边缘。

Chapter 6
欧式新娘发型

　　传统的欧式发型华丽贵气而充满古典美，而当经典与现代时尚相互碰撞时，高贵的盘发不再是唯一。极具混血感的轻盈蛋卷头、散发海岛气息的麻花编发，融入现代时尚感的欧式发型，渐渐成为新娘们的首选。

典雅大气的多层盘发

略微侧歪的皇冠打破了严肃感，带来了一丝慵懒、俏皮的感觉。全部梳起的头发使新娘犹如宫廷里高贵的公主，端庄而又典雅。

1 使用长尾梳的尾部从左向右在额前撩取头顶的头发，将头发表面梳理光滑。

2 将撩取的头发用卡子固定好，余下的头发再撩取最底层的一片。

3 将最底层的头发编三股麻花辫，为避免上层头发的影响，可以使用夹子等将上层头发固定在一侧。

4 编好的辫子用发圈固定好后，从发尾向上卷成一个花朵造型并固定在一侧。

5 撩取中间的一层头发，从左边取四缕头发，其中三缕均等较粗，一缕较少。

6 从左边开始，进行三加一编发，注意每次取发均匀，用力较轻。

7 编发弧度紧贴第一个发苞，撩取的头发亦可轻轻扯开表面使之蓬松。

8 编至发尾后，围绕发苞卷起，注意藏好发尾并用小卡子固定好。

9 最顶层从左边开始，撩取头发进行三加一编发，额前的碎发用定型产品抚平。

10 在左侧稍高于发苞处，沿着发苞编发，至脑后枕骨变为三股辫，编至发尾。

11 发尾用发圈扎好后逆时针绕过发苞，藏好发尾后用卡子固定。

12 选择水晶皇冠于头顶微侧偏处佩戴，喷上定型产品，完成新娘发型。

演绎高贵感的对称抽丝编发

高贵的皇冠，迷离的眼神，对称的发型层次感强烈，展现出略带复古的优雅。此款发型十分合适发量丰盈的新娘。

1 将新娘头发中分，分界线可以不用太过于笔直，所有的头发提前向外卷烫好。

2 在右侧，从头顶一前一后取两束头发，梳理光滑头发表面待用。

3 两束头发分别朝同一方向卷绕，注意力度要较重，避免出现太多毛糙的碎发。

4 将卷绕的头发卷一个圈，提前卷绕好发束则是为了使头发纹理清晰整齐。

5 沿着发际线，从头顶开始卷绕，并且每次卷绕都要加入一股新的发束。

6 左侧头发以同样的办法处理，注意头发要卷绕得较松，两侧头发向后卷绕。

7 两股头发尾部在脑后连接，并用小卡子固定好，用手指轻轻整理头发。

8 将余下的头发先用手指捋通顺，从左侧分出两束头发。

9 从左侧分出发束开始编发，每次从两侧挑出发束朝另一个方向搭。

10 每次取发均匀，编发前面较松，后面较紧，编至发尾即可。

11 用手指轻轻抽散发丝，注意抽散的发丝弧度基本一致，编发上宽下窄。

12 选用白花带珍珠的皇冠在新娘头顶固定好。

展现精致感的复古低发髻

干净光滑的秀发表面透露出新娘的端庄，低髻的卷筒，散发娴雅、内敛的气质。

1 　取头顶一片头发，倒梳头发使发丝蓬松，起到增加发量的作用，表面的头发梳光滑。

2 　将这片头发放下，用小卡子在脑后固定并作为整个发型的中心点。

3 　散落的头发除刘海以外，将其等分为三份，确保三份头发在做发型时互不干扰。

4 　取中间部分的头发，梳理整齐后，喷上定型产品，从发尾向上卷成发筒。

5 　将卷好的头发固定在中心点位置，注意藏好发尾，发筒表面打理光滑。

6 　左右两侧的发筒稍小于中间的发筒，右侧的发筒在中心点右侧与其水平的位置固定好。

7 　左侧的发筒同右侧的发筒一样固定好，发筒与发筒之间的连接应顺滑、无空隙。

8 　注意：若新娘发量较多，头发重，则应该多使用卡子固定好，防止散落。

9 　取新娘刘海发片，梳理整齐喷上定型产品，准备好卷发棒进行卷烫。

10 　使用中号卷发棒，从下到上，向外卷烫，卷烫高度应尽量贴近头皮。

11 　使刘海在额前拱起一个发苞，在眼线的延长线位置固定好。

12 　选择珍珠水钻配金叶的小巧簪花别在额头一侧。

打造混血美人的轻盈蛋卷头

整个造型清爽且时尚，自然又大气蓬松的长卷发，加上粉色的花朵配饰，有如春天盛开的桃花，无比动人。这款发型打造出新娘甜美而恬静的气质，惹人喜爱。

1 将头发分成上下两个区域。上部头发用夹子夹好固定。下部头发从右侧分出的一小束，用径口为22~28毫米的卷发棒从发根开始由外往里卷。

2 将下部左侧的头发分出一小束，注意挑起的发量和右侧保持一致。

3 使用径口为22~28毫米的卷发棒将其向外卷烫，打造优美的弧度。

4 将上部的头发放下一部分，使用卷发棒将从右侧分好的头发向内卷烫，保持高度和额头一致。

5 将剩余的头发全部放下。将左侧的头发分出一小股，注意发量和右侧保持一致。

6 使用卷发棒将分好的头发向内卷烫，保持高度和额头一致。

7 取头顶的一束发片，将发丝表面梳光滑，碎发可用定型产品抚平。

8 用卷发棒将头顶的头发向内卷烫，使头顶的头发蓬松自然。

9 用尖尾梳的尾端将刘海挑出一小束，注意自然过渡。

10 用手将刘海平直拿起，并用尖尾梳将发根处打毛。

11 用卷发棒将刘海向内卷烫，营造自然卷度。

12 使用大号梳子将刘海梳顺，使其与后面的头发完美衔接。

13 用发胶给两鬓的头发定型，使两鬓的头发卷度保持得更持久。

14 在左侧取一束头发分成三股，编辫，编至头发长度的一半。

15 使用卡子准确地将编好的头发固定在后脑勺左侧，以备固定发饰。

16 选用一款粉色的头花，并用卡子固定在头发的左端，使其与头发完美融合。

散发温柔气质的低垂编发

向外卷曲的刘海打造出露出额头的发型，干净整洁，花冠式的发饰打破了严肃感，全部梳起的头发令新娘犹如宫廷里高贵的公主，浪漫而典雅。

1 给头发分好区域，将上部头发卷起固定住。在下部取右侧一小束，用卷发棒将头发向左内卷。

2 将下部左侧的头发分出一小束，所取的发量要适当，以备卷发。

3 用卷发棒将头发向右内卷，高度大约与下巴保持一致。

4 将上部头发放下，全部头发分成三个区域，用夹子固定，两侧的发量不必过多。

5 给左侧的头发进行花式编发，注意手的力度要柔和。

6 给右侧的头发也进行花式编发，注意所取的发量要与左侧保持一致。

7 编发的同时用手给头发扯丝，使其自然蓬松，具有空气感。

8 在头顶分出一小束头发，用尖尾梳打毛，使头发蓬松饱满。

9 选择一款花冠式的发饰，将其准确地固定在头发的顶部。

10 将左侧编好的头发绕到右耳后方，并用卡子将其与发饰固定。

11 继续将右侧编好的头发绕到左耳后方，并用卡子将其与发饰固定。

12 从剩下的头发中分出两束头发，用手将左侧的头发进行扭转，注意控制力度。

13 将扭好的头发固定在造型的中部，可使用卡子和发圈将其固定。

14 用手扭转右侧剩余的头发，并轻轻拉扯，注意力度要适当。

15 将头发固定于造型的中部，并与左侧的头发完美结合在一起。

16 选择一款定型喷雾，使造型持久稳固。

散发海岛风情的麻花编发

天然而带着少女柔美与浪漫气息的麻花编发造型，不仅能在温度升高的时候使人保持凉爽，还能轻松减龄保持甜美感。通过编发可以打造出让你意想不到的美丽，使造型极具海岛风情。

1　用玉米夹夹头发，在视觉上打造出蓬松感，可以更好地做发型。

2　使用尖尾梳的尾部将刘海分区，以耳朵上方为界。

3　将分好的头发进行三加一的编发，注意把头发往后方编制。

4　编发的同时，可以用手拉扯发丝，使其更蓬松自然。

5　用发圈将发尾固定，下方的头发不需要叠加。

6　在头顶分出一小束头发，用打毛梳给分好的头发倒梳打毛，注意方向朝里，使其蓬松。

7　将头发分区，将左侧的头发用发圈绑好，并涂抹弹力素。

8　将绑好发圈的头发分成几束，拿出两束，用手将其扭转。

9　将扭转好的头发卷好，用卡子将其固定在造型中部。

10　再拿出另外两束头发，扭转在一起，力度要适当。

11　用手给扭转好的头发扯丝，使其自然蓬松，具有空气感。

12　将扭转好的头发卷好，用卡子将其固定在造型中部，注意与之前的头发叠加。

13　拿起剩下的两束头发，将其扭转在一起。

14　用手指轻轻抽散发丝，使发丝弧度基本一致。

15　把前面编好的头发盘绕至后方，对整体造型进行最后的调整。

16　将白色珍珠发饰固定在左耳上方，使造型更完整。

知性优雅的披肩卷发造型

清新简约的卷发赋予了新娘不一样的感觉，既个性又不失优雅。

1　使用径口为 22~28 毫米的卷发棒来卷发，高度大约与下巴一致。

2　用手在头顶取一大片头发。

3　用打毛梳将发片倒梳，可使头发蓬松，做发型时显得发量多。

4　将头发垂直放下，用梳子将表层的头发梳理整齐。

5　使脑后位置拱起一个发苞，并用卡子将其固定。

6　取右侧区域的一小束头发，将其分成三份，编三股辫。

7　用手指轻轻抽取发束的发丝，使头发看起来蓬松自然。

8　将抽散的发束向上卷绕成一个松散的发苞，并将其固定在脑后。

9　取左侧的一小束头发，编三股辫，注意发量与右侧一致。

10　用手给编好的头发扯丝，抽取发丝的方向和力度要一致。

11　将左侧的头发也做同样的处理，将两个发苞连在一起。

12　使用卡子将两个发苞固定在造型的中心处。

13　使用卷发棒将剩下的头发向外卷烫，使头发卷曲的弧度统一。

14　用手指轻轻抽取头顶的发丝，使头发蓬松自然。

15　选用一款白色的小发饰，用卡子将其固定在头发的左侧。

16　喷上定型产品，确保没有毛糙的碎发，让头发持久定型。

优雅简洁的高位古典发髻

发型的打造重点在于保持外翻卷，不论是刘海或是发髻，只有统一外翻卷的形状才更容易突出古典气质，而妆容的"轻描淡写"更是将优雅风再次渲染。

1　用卷发棒将刘海向外进行卷烫，注意从发根开始卷才能令刘海更蓬松。

2　先将头发梳理通顺，每次选取一片头发，用卷发棒将全部的头发向外卷烫。

3　从两边的耳郭位置开始往中间抓取一束头发，梳理整齐。

4　将这束头发旋转成股，再以中间为圆心打圈缠绕成一个小发髻。

5　用黑色的卡子将脑后形成的小发髻固定好，从发尾处固定更牢固。

6　从头部左侧靠近头顶的位置开始，抓取一片头发。

7　将这片头发从发根开始相互旋转成股，用卡子将其固定于发髻位置。

8　将左边耳郭以上的头发全部以旋转成股的方法进行固定，剩余的发尾保留即可。

9　将左侧固定好的发尾往发根方向外卷，形成一个圈状后固定于发髻周围。

10　再将头部右侧位置的头发全部稍加旋转后固定，同样保留剩余的发尾。

11　将右侧所有剩余的发尾往发根方向外卷成圈状，并沿着发髻周围固定好。

12　将脑后剩余散落的头发平均分成三份，稍加旋转使每束头发集中起来。

13　抓取其中一股头发往发根方向向外翻卷，形成一个空心的圈状后固定好。

14　将剩余的两股头发以相同的方法外卷后，分别固定于发髻的下方。

15　在头顶两侧的位置上，插入珍珠发插，并将刘海拨到发饰上。

16　用手抽取头顶的发丝，并保持一定距离喷上干胶，使发型更显蓬松效果。

复古含蓄的外翻大卷盘发

巧妙运用羽毛头饰点缀整个造型，低髻的发型让新娘看起来更精致小巧，将复古的韵味展现得淋漓尽致。

1 将头发分成上下两个区域，将上面的头发卷起并用卡子固定在头顶。

2 在下面的头发中，用手从左侧拿起一小束头发，注意发量不必过多。

3 使用卷发棒将其从发尾向上卷烫，高度大约与下巴一致。

4 将上面的头发放下。用手在头顶的右侧区域分出一小片头发，注意发量要少。

5 用卷发棒将分好的头发向左侧烫卷，尾部烫出弧度。

6 使用大号的梳子将头发梳滑顺，并与左侧烫的发卷叠加。

7 用定型喷雾给左侧的头发定型，保持完美弧度。

8 从左侧区域分出一束头发，发量约为全部头发的1/3。

9 将其沿边缘扭转，从发尾向上卷起，并用卡子将其固定。

10 中间的头发卷起的发筒大于左侧，发筒的中心线保持水平。

11 将中间已经卷好的头发用卡子进行固定，注意要藏好发尾。

12 用手从头发右侧拿出一束头发，注意发量应与左侧保持一致。

13 用同样的方法卷成发筒固定好，注意发筒之间应连接自然。

14 给左鬓卷起的头发轻轻扯丝，使其自然蓬松，造型完整。

15 选择白色的羽毛发饰，将其用卡子固定在头发的左侧位置。

16 喷上定型产品，可以保证秀发持久定型，不松散掉落。

随性自然的内卷松散发辫

精美的欧式编发，加上一双含笑的媚眼，巧用高光粉，衬托出如同天生成就的裸感无瑕肌肤，使新娘显得光彩照人。

1 将头发分成两个区域，将上面的头发卷起并用夹子固定在头顶。

2 用手从下部头发的左侧拿出一小束头发，注意所取的发量不宜过多。

3 用径口为22~28毫米的卷发棒将垂放下的头发依次从发梢开始向内卷烫。

4 用大号梳子将卷烫好的头发梳开，用手代替梳子可打造出蓬松效果。

5 分出左侧耳朵上方鬓发处的头发，碎发可用定型产品抚平。

6 将分好的头发朝脑后方向扭转，并将其固定到头发右侧。

7 在头发右侧取等量头发，将其扭转并固定到头发左侧。

8 用手在头发的左侧取等量的一小束头发，重复上述动作。

9 扭转时注意不要过于用力，将扭转好的头发固定到右侧。

10 将右侧的头发扭转，继续重复上面的动作，将其固定于左侧。

11 用发圈将剩下的头发绑起并固定好，注意不必绑得太紧。

12 将发尾从下向上绕过头发的空隙处，遮盖住发结。

13 调整头发的整体造型，并用手轻轻给头发扯丝，使其自然蓬松。

14 使用卷发棒向外烫卷刘海，整理发型，使整体造型更加完整。

15 选择粉色和白色的花朵发饰，将其绕着头发的左侧固定住。

16 最后，在发辫尾部和发辫中部也分别点缀上一簇花朵发饰。

强调气质的古典低位发髻

欧式低位发髻一直给人以优雅唯美的感觉，柔软的发丝本身就强调了女性的柔美气质，看似简单的发髻，打造时要特别注意发丝的蓬松与走向，并且要善于利用些许发丝的垂落形成柔软的线条，发髻纹理和发丝线条是构成新娘雅致气质的关键。

1 将全部头发置于背后，梳理通顺后每次选取一小片头发，用小号卷发棒以向内卷的形式进行卷烫。

2 先从头部右侧靠近太阳穴的位置开始选出一小束头发，用手将发丝抚平。

3 再选出一小束相等发量的头发。将这两束头发相互交叉以扭转的手法拧成一股，并往脑后方向拉。

4 在相互扭转的过程中，不断加入旁边的头发作为加股进行扭转。

5 将头发扭转至脑后中间的位置，用黑色卡子将其暂时固定好。

6 从左侧选取两小束头发，并两两交叉旋转成股，不断加入旁边的头发作为加股进行扭转。

7 将这股头发拉到脑后中间位置，与右侧的发股固定在同一个位置上。

8 将散落在背后的头发平均分为三份，分别用手将每一份头发分离开来。

9 将这三份头发往左肩位置拉，保持发根位置的蓬松性，将头发相互交叉编三股辫。

10 将三股辫编至发尾位置，并使用发圈在发尾处将辫形固定好。

11 沿着脖子分别用手拉扯出3~4条发丝，每条发丝的发量和长度尽量保持一致。

12 使用手指作为辅助，从发辫尾部开始往发根方向以内卷的形式向上卷起。

13 将辫子一直卷至发根位置，形成一个低位发髻。

14 将发髻确定好位置后，用黑色卡子从发髻发根位置插入，将发髻固定好。

15 选取搭落的一条发丝，从发尾开始用卷发棒卷至发根。

16 用卷发棒将脖子处剩余的几条发丝分别卷烫好，让发丝自然垂落。

适合搭配西式洋帽的简洁盘发

西洋帽的装饰能够给人带来一种不容忽视的视觉冲击感，犹如女神般典雅而高贵。西洋帽的点缀搭配精致的妆容、甜美的微笑，即刻衍生出一种复古而又艳丽的美。

1 用尖尾梳的尾部将刘海三七分，毛糙的头发可用发胶抚平。

2 从左侧的头发开始，用中号卷发棒将头发依次向内卷烫。

3 用手将左侧刘海向上拧转，注意拧转的时候力度不宜太大。

4 拧转做成的卷筒用卡子固定，注意卡子要藏于头发之间。

5 用手将右侧的头发外翻向后扭转，拧转时不宜用力过度。

6 使用多个卡子固定扭转好的发苞，避免头发松散掉落。

7 用手将右侧的发苞向上拧转成卷筒，左右保持一致。

8 使用卡子将拧转好的头发固定在头顶，使造型统一。

9 将右侧的头发向后扭转，注意要稍稍用力。

10 做成的小卷筒用卡子固定起来，作为造型的中心点。

11 将左侧剩余的头发全部往中心点扭转，保证造型的平衡感。

12 用卡子将左侧扭转的头发固定在中心点上，使头发衔接自然。

13 用手将两侧剩下的发尾卷在两个卷筒里，并用卡子固定。

14 最后喷定型喷雾将发苞固定，这样可以保证头发不松散掉落。

15 选择一款西洋帽的头饰，用手将西洋帽放在头发的右侧。

16 使用卡子固定西洋帽，使其与发型完美结合。

适合搭配蝴蝶结的繁复盘发

充满法式浪漫情怀的短袖婚纱，蕾丝刺绣和手工缝制的花朵装饰精美而华丽，长袍型唯美婚纱礼服典雅而复古，显得端庄大气。

以右眉头向上为延长线分出刘海，用卷发棒夹住发尾向外卷至刘海根部。

将发带系在发际线靠后的位置，留出刘海。

在左耳附近抽取一缕头发分成两等份，互拧成一股发辫固定在脑后。

拧转头发时注意力度要均衡，这样编出的发辫才自然。

将右侧的发辫拉至脑后，与左侧的发辫固定在一起。

从左侧抽取一缕头发，与发辫未编的部分一起拧转。

将发辫顺时针拧转2~3圈后，用卡子固定在中间。

左边编好后，取右侧与之对称的头发同样编发。

选择左右交叉的编发方式，依次往下编发。

左边编好后，取右侧与之对称的头发同样编发。

将头发编至颈部，然后用手分成四等份。

用右手拇指按住发辫，开始加左侧的头发。

接着将右边的一股头发再分成两份，继续编发。

按照上述方法，继续将头发编至发尾。

用手指拉松编好的发辫，营造自然的蓬松感。

以发辫的中间为界，将发辫向上收起。

适合搭配皇冠的花苞发髻

精致的欧式顺滑低盘发，展现典雅端庄的宫廷风情，低盘发光洁自然，没有凌乱感，展现秀气雅致。金色珍珠发箍从色调上呼应礼服，本身的金属质感能与精致的妆容一起强化造型风格。

1 将头发打理柔顺，涂抹上护发精油，再用尖尾梳将头发从中间分开。

2 取顶部一束约三指宽的发束，向上拉直，用梳子从中部倒梳至发根，让头发变得立体饱满。

3 将头发放下后，用大号卷发棒，从头发中间位置开始将头发向内卷至发尾。

4 将头发全部卷烫好后，均分为三束，将中间的发束在颈部扎成一个低位马尾辫。

5 将扎好的马尾分为三束，取第一束以发圈为圆心，向外卷一圈，用卡子固定住。

6 再取第二束头发，以发圈为圆心，向外卷一圈，整理好发尾，用卡子固定住。

7 最后取第三束头发，以发圈为圆心，向外卷起发束，让中间的发束形成一个低位花苞形。

8 取左肩前的发束，均分为两束，再将靠近耳后的发束，均分为两小束。

9 将两小束头发扭成一股辫子，扭转发束时，可适当用力，让辫子不易松散。

10 将扭好的两股麻花辫，从下往上，沿着中间的发苞绕一圈，用卡子固定好。

11 用同样的方式将右侧的发束也分为两份，将其中一份编成两股麻花辫。

12 将右侧的两股麻花辫从下往上，沿着发苞绕一圈，用卡子固定好。

13 将右侧的头发从前方拉至后脑颈部，从下往上沿着发苞绕一圈，固定住。

14 最后将左侧剩余的头发拉至后脑颈部，做法同上一步，固定住。

15 将每一股麻花辫轻轻地向外扯松，让波浪形状更立体，并调整好细节。

16 挑选一款金色系的发箍，佩戴在头上，给发型增添更为典雅高贵的气质。

适合搭配短头纱的披肩卷发

浪漫的披肩卷发与网格短头纱气质接近，内置外露相结合的点缀方式，既含蓄又别致。

1　将头发梳顺后全部置于背后，用卷发棒一片一片地进行内卷烫。

2　从右侧头顶挑取一片头发，将头发向内拧成股，用卡子将其固定在头部左侧。

3　将成股的头发用手向上拉扯松散，使其呈现出蓬松的状态。

4　在成股的头发旁再挑取一片头发，以相同的方法将这片头发向左拧成股，用卡子固定好。

5　将发尾抓牢，再用手将成股的头发向上轻拉，使其蓬松。

6　在头部右侧沿着成股的头发旁，抓取一片头发用梳子梳顺。

7　将梳顺的头发往左边方向放置，保持发根蓬松，将发尾固定好。

8　选取头部两侧的发丝，用卷发棒将每缕发丝都进行外卷烫。

9　把刘海垂直向下梳顺，再用卷发棒从发根开始进行内卷烫。

10　可在烫好的卷发上保持一定距离喷上干胶，以保持定型效果。

11　准备一簇迎客豆，从头部左侧开始插入，使枝干隐藏于头发里。

12　沿着迎客豆以向上的方向插入一枝豆蔻，使其与迎客豆紧密结合。

13　将网格短头纱置于花材后方，用卡子将头纱与头发固定。

14　将头纱向前拉取，笼罩住花材，并保持比较蓬松的形状。

15　在点缀粉绣球的地方都将头纱稍微集中成褶皱，持续零星点缀花瓣。

16　在头纱靠右侧的位置插入三枝长度相等的豆蔻，使其稍微高于网纱即可。

Chapter 7

中式新娘发型

　　娇颜如花，美人如画，端庄典雅的中式新娘发型，能让新娘拥有东方式的古典风情与温婉魅力。本章节精选经典中式新娘发型案例，融入烫发、编辫、倒梳、扎马尾、打卷、手推波纹、真假发结合等手法，打造出最具中式气息的新娘发型。

典雅大气的手推波纹盘发

以流畅的线条、圆润饱满的美感带来妩媚的女人味，强调成熟、大气。为了保持卷发的线条感，需要极力抚平毛糙，制造出发丝的顺滑，以规则的波浪卷度体现发型的光泽度，带来最强的复古效果。

1 以左耳耳郭为界，将头发分为耳前部分和耳后部分，将耳朵前的头发选取一片，用卷发棒向内进行卷烫。

2 将卷烫过的头发往发根位置以向内卷的形式卷成一个圈状，再用黑色卡子固定好。

3 将全部头发以相同的内卷方式制作成圈状后，分别用卡子固定好。

4 所有卷烫的头发都以圈状固定好后，保持这个状态静止一会儿。

5 将所有头发放下，用气囊梳将卷发轻轻梳理松散，这样能在保持卷度的同时又显得自然。

6 用尖尾梳从头顶为头发划分界限，选择在发量较多的一侧做手推波纹的形状。

7 用手进行整理，用一只手将发根位置的头发向上隆起，再用另一只手固定出一个波浪的形状。

8 整理好一个波浪的形状后，保持一定距离喷上干胶，使手波纹形状的卷度得以维持。

9 用手将背后散落的头发集中在一起，朝着同一个方向稍加拧转，注意保持适度的松散。

10 将这条发尾往发根位置，以向内的方向卷起，并用卡子从下端位置固定好。

11 将这缕头发保持原来的卷度，覆盖耳朵压平并向后拉，并用卡子卡好。

12 将右侧手推波纹形状的头发发尾部分，往发根位置内卷并卡好。

13 为了使发型持久定型，可以保持一定距离喷上干胶产品。

14 将手推波纹头发旁散落的头发稍加扭转成股后往发根位置内卷，用卡子固定好。

15 用手轻碰已经成型的发髻，针对比较松散的位置，利用卡子将其固定。

16 选择在发量较少的一侧，沿着头型倾斜佩戴上发饰。

魅惑立体的外翻卷发造型

以外翻卷的形式打造的低位发髻，保持每一缕发丝表现出的顺滑感和光泽度，极力营造出成熟气息，呼应魅惑感妆容。

1 从头顶开始将头发三七分，并用梳子将头发梳理得整齐平贴。

2 将全部头发置于背后，稍加梳理通顺后，保持一定距离喷上干胶使蓬松。

3 以右耳耳郭为界划分，将耳朵前的头发集中成一束，将其置于前胸位置。

4 将背后散落的头发平均分为四份，分别集中成束后，保持一定距离置于背后。

5 为了使分好的头发能更好地集中固定，可以用夹子将每一束头发分开夹起来。

6 将右耳背的头发以两个食指作辅助，将头发从发尾开始以外翻卷的形式，朝着发根方向向上卷成一个圈状。

7 用黑色卡子将外翻卷的发圈从发根处固定好，并将之前用于固定的夹子抽出。

8 以相同的外翻卷的方式，将置于背后剩下的每一束头发分别固定好。

9 脑后以三束头发外翻卷形成一个发髻，并确保这三束头发保持同一水平线。

10 用黑色卡子将靠近左侧的发卷从侧面插入固定，并尽量使卡子隐藏于头发里。

11 将左侧最后一束头发覆盖耳朵向后拢，再以相同的方式向外翻卷成一个圈状发髻。

12 用黑色夹子从侧面开始，保持水平方向，从发根处插入固定发髻。

13 为了使发髻更稳固，可以利用黑色卡子从上方开始以垂直向下的方向将发髻固定好。

14 将右耳前剩余的头发集中后稍加梳理，保持发根平贴，发尾通顺。

15 将这束头发保持同一个方向扭转成股后，向后拉取并与发髻固定在一起。

16 将法式水晶发饰沿着左侧额头佩戴，插入若干个黑色卡子加以固定。

复古动人的内扣卷发造型

将长卷发打理出光泽感和细腻感，提前将头发做出波浪卷度，轻轻挽起至肩颈处，既复古精致又温婉可人。

1 用梳子将头发打理柔顺，涂抹上护发精油，再用尖尾梳将头发从中间分开。

2 用梳子挑起中分线右边头顶处的一束约三指宽的发束，用手轻轻向上拉直。

3 选用大号卷发棒，将卷发棒调整成与正面脸部垂直的方向，然后将发束缠绕在卷发棒上。

4 保持发束不动，将卷发棒直着取出，让发束形成一个蛋卷状，然后用卡子将发束固定好。

5 将右边头顶的所有头发分为3~4束，依次卷成蛋卷状，再用定型喷雾喷在半边蛋卷头上。

6 再取左边头顶的一束头发，同样将卷发棒调整成与正面脸部垂直的方向，将发束缠绕在卷发棒上。

7 数秒后，用手保持发束不动，将卷发棒取出，让发束形成一个蛋卷状，然后用卡子将发束固定好。

8 将左边头顶的头发分为3~4束，卷成蛋卷状，用卡子固定好后，用定型喷雾喷在头发上定型。

9 将卷发棒放成横向，然后将后侧的头发，分数次进行向外卷烫，卷出大波浪造型。

10 小心地将顶部的蛋卷状头发的卡子取出，依次放下来，并用梳子梳理好。

11 梳理好头发，用手取出一侧耳朵旁边约3~4指宽的发束，用手握住中间。

12 一只手固定好发束，另一只手将发束从发尾处向内卷，卷成一个蛋卷状，卷至约颈部位置。

13 将卷好的头发向内扣，将发尾处包起来，然后用卡子固定住。

14 使用同样向内卷再向内扣的方法，将另一侧的头发也卷起来，并用卡子固定好。

15 将所有头发都向内卷至颈部，用卡子将中间两卷头发连接在一起，不要出现缝隙。

16 挑选一款能搭配服装颜色的蕾丝小礼帽，戴在头上。

提升现代气质的弧线刘海造型

流线型的刘海简约时尚，体现出现代女性独立干练的气质，搭配盘发更显得利落。这款简约的盘发是提升气质的不二选择。

戴上一个精美的发饰能让造型增色不少，弧线形刘海能很好地修饰脸型轮廓。

1 将头发进行一九偏分，梳出弧线形刘海，从较多的那一侧头发中抽取一束向发尾拧转，用卡子固定在后脑中部。

2 拧转好的发束从发尾开始慢慢向上卷，卷成一个圆筒直到头发根部，用卡子左右固定。

3 再从较少的另一侧头发中抽取一小束头发，拧转绕到发量较多的一侧，用卡子固定在偏右的位置。

4 在同一侧再次抽取一小束头发，拧转绕到发量较多的一侧，固定在上一束头发的上方。

5 将这一侧最后剩下的头发拧转绕到另一侧，用卡子固定在前两束头发的最上方。

6 将另一侧剩下的头发分成三束，编成一束疏松的三股辫。

7 三股辫编到头发末端，然后向内卷起，卷到接近发根处用卡子从左右两侧固定。

8 选择一款精美的发箍，戴在头顶，完美的盘发就完成了。

干净利落的超饱满盘发

饱满的盘发呈现出像 3D 电影一样的效果，无论从哪个角度看都十分生动有型。打造这样的盘发可以突显五官的轮廓，让整个人看起来精神饱满。

圆润饱满的盘发从哪个角度欣赏都很美，充分体现出立体感。

1 刘海向后梳，取中间的一束头发拧转向上拱起，用卡子固定。

2 将剩下的头发扎起梳成一束马尾，发圈扎马尾的位置大概在后脑勺的正中央。

3 将马尾分成4~5束，用小号卷发棒对刘海进行分束向内卷烫，这样让头发更容易做造型。

4 从刘海中抽取两小束头发，分别拧转，然后再交叉拧转成一束。

5 将拧转后的发束从发尾开始向上卷，直到马尾根部，卷成一个发筒，用卡子从两侧固定。

6 第二束头发按照相同的方法卷成发筒，同样用卡子从两侧固定。

7 最后一束头发向内弯折，向上曲卷成发筒直到马尾，用卡子固定。

8 自制一条红色缎带，从头顶分别向两边垂放，缎带的左右两侧用卡子固定。

运用华丽编发技巧的立体编发

百变的编发可以打造各种风格的发型，拧转的方向和拧转的位置只要稍微不同，就能变换出不一样感觉的造型，新娘可以利用编发让自己的造型华丽升级。

繁复的编发看似复杂，分解步骤却很简单，新手也能轻易做成。

1 将刘海进行一九偏分，从发量多的一侧抽取一束头发拧转成一个圈并用卡子固定。

2 再从刘海中抽取第二束头发拧转成圈，可借用手指按压，然后用卡子固定。

3 再从同一侧抽取第三束头发，用手指勾住接近发根的位置，然后绕圈，发尾收短用卡子固定。

4 从刘海后侧方抽取一束头发编成一束三股辫，编到发尾用发圈绑好。

5 提起辫子选取在耳朵上方的一个位置，将辫子绕成一圈。

6 然后将发尾也一起藏好，并用卡子固定。

7 剩下的头发，编一束三股辫直到发尾。接着用发圈绑住末端。

8 从有盘发的侧面绕到头顶集中盘发的位置，用卡子固定辫子发尾。

营造乖巧感的侧编盘发

中规中矩的盘发搭配中式礼服在一定程度上会使人显得成熟，若是把握不当更会突显老态的一面。年轻的新娘可以尝试减龄系的乖巧侧盘发。

侧盘发十分具有田园气息，若想为造型增添亮点，可以戴上一些闪亮的发饰。

1 将头发分成上下两部分，下部的头发用发圈绑成一束马尾。

2 将马尾平均分成两束，再将其中一束一分为二，然后拧转交叉发束。

3 一只手提着拧转后的发束，另一只手拉着发束的发尾，扭成一个横向的8字，收好发尾并用卡子固定。

4 另一束头发按照前面的方法也拧转成一束麻花辫。

5 贴着第一个发髻拧转成横向的8字，然后用卡子固定。

6 将右边的头发梳成一束绕到脑后，逆时针绕着发髻缠一圈，将发束卡在发髻间。

7 左边的头发向发根倒梳，刮蓬发片，然后分成两束交叉拧转。

8 拧转后的发束从发髻下面逆时针绕发髻一周，最后将发尾收进发髻之中。

适合小脸新娘的露额低发髻

露额中分发型适合脸型小巧的新娘，可以突显出新娘精致的五官，在头部左右佩戴对称的中式发饰，制造一种和谐、端庄的视觉美感。

由麻花辫打造成的低发髻，让发型更具有细节美感，端庄又不会显得老气。

1　使用卷发棒将头发一缕一缕地进行卷烫，从发尾烫至头发中部位置即可。

2　开始在头顶分区，用尖尾梳将头发从头部中间位置左右分开。

3　分别保留两片头发于左右耳前位置，选取一片耳后散落的头发拧转向后拉。

4　从左右两侧分别拉取两片头发，使头发集中至头部中间位置后固定。

5　将散落的头发等分成两份，然后分别编成三股辫。

6　将其中一条三股辫向上卷，使其形成一个圈状。

7　再将另外一条三股辫沿着刚才卷好的小发髻缠绕，最终形成一个低发髻。

8　发型打造完成，将发饰分别点缀在发型上。

俏皮灵动的简约盘发

即使是传统的中式发型也不一定非要中规中矩，这款简约的盘发不仅可以修饰出饱满的头型，巧妙点缀的发饰为造型增添了时尚元素，仿佛让蝴蝶在发间翩翩起舞，充满灵动之意。

由麻花辫围成的圆形发圈，点缀具有灵动意境的蝴蝶和花朵发饰，为传统中式发型增添了些许俏皮感。

1 将全部头发梳理通顺后，用卷发棒将全部头发进行卷烫。

2 保留两片头发于左右耳前位置，再将后面散落的头发集中于头部中间位置。从头部左右两侧分别取一片头发向中间拉，并固定好。

3 将余下散落在背后的头发等分成两份。

4 将这两份头发分别编成三股辫，要编至发尾。

5 将编好的两条三股辫，分别沿着头型向上缠绕，最终形成一个圆圈状。

6 将保留在耳前左右两边的头发向后拉，相互拧转成股。

7 将这股头发向上卷成一个小发苞，固定在圆形发辫的中间交汇处。

8 发型打造完成，将发饰分别点缀在发型上。

高贵大气的繁复立体盘发

侧分的长刘海以完美的弧度蔓延至耳际，很好地修饰了新娘脸型，繁复的盘发没有显示出一丝垂重感，反而表现出发型的立体饱满，整体发型充满大气而又不失高贵。

Look

细腻手卷发组成立体饱满的发型，线条流畅的刘海衬托出新娘高贵大气的气质。

1 用卷发棒将所有头发卷烫，只需要卷烫发尾部分即可。

2 由头顶往耳郭方向分出一片长刘海，保持头发表面光滑整齐。

3 从头部左右两侧分别取一片头发，向头部中间方向拉并固定好。

4 将散落的头发分为发量相同的若干等份，取其中一束，用手从发根处向上卷。

5 以相同的方法，将剩余的头发向上卷成圈状，用卡子从发根处固定。

6 将刘海沿着额头向后拉至耳郭上方，将多余的发尾固定好。

7 将右侧的一束头发往后拉，卷成圈状后，与发髻固定在一起。

8 发型打造完成，将发饰分别点缀在发髻上。

温婉古典的花苞低发髻

点缀在两侧的流苏发饰随着新娘的步伐轻轻摇曳，红玉发钗为新娘造型增添了古典气质，将传统中式新娘的温婉、优雅发挥到极致，突显东方古典美。

饱满的花苞低发髻是打造出新娘温婉气质的关键，含蓄地散发出中式新娘的韵味。

1 将头发全部置于背后，每次抓取一片头发，用卷发棒对全部头发进行卷烫。

2 取左右两侧的头发，分别拉向头部中间位置并固定好。

3 在头顶靠右侧的位置开始分区，向发量较多的一侧编三股辫。

4 将这束三股辫沿着头顶往耳后方向持续编制，将发辫编至发尾位置。

5 将右侧的头发沿着耳郭向后编三股辫，每编一股则从一侧抓取一片新发束加入编辫。

6 将右侧编好的发辫往头部中间位置卷，形成一个圆形发髻。

7 将左侧发辫沿着右侧发辫卷成型的发髻缠绕，让发型更饱满。

8 发型打造完成，将发饰分别点缀在发型上。

拉长脸型的大侧分盘发

整体发型看起来光洁整齐，由于加入了垂直线条感极强发饰，使得新娘造型更充满古典韵味，大侧分刘海与垂落的细长发饰配合，在视觉上达到了拉长脸型的效果。

垂落的细长发饰线条，从视觉上有纵向拉长的效果，这款发型尤其适合脸型较短或较圆的新娘。

将全部头发用卷发棒进行卷烫，使头发更具蓬松感。

以从头顶至耳郭为界，划分出左右两侧的头发，保留，将后面的头发扎成高马尾。

将扎好的马尾分成等量的两束头发。

将这两束头发分别编成两条三股辫，左右两侧预留的头发旋转成股。

将编好的两条三股辫相互缠绕，卷成发髻。

将左右两侧的发束向后拉，将发尾稍微拧转后，固定在发髻下方。

将头饰固定在头顶处，调整至垂落的流苏不会遮挡眼睛。

发型打造完成，将其余发饰分别点缀在发髻两侧。

适合搭配流苏的辫子发髻

额前不留多余发丝，强调简约大气的感觉，在耳后任意摆动的流苏发饰，让中式风的新娘
发型颇具天真烂漫的气质，适合追求年轻感觉的新娘。

分别由上下发辫组成的发髻，一定要形成完美的连接，才能呈现出形状完整、细节丰富的发型。

将所有头发梳理通顺后置于背后，用卷发棒进行卷烫。

以耳郭上方为界，从头顶抓取全部头发，整理成一束。

耳郭以下的头发也扎成一束。

将上下两束头发分别编三股辫。

将上面那束发辫横向卷成一个发髻。

将下面那束头发也横向卷成发髻。

让上下两个发髻连接在一起。

发型打造完成，将发饰分别点缀在发髻上。

适合搭配发钗的侧绑发

发饰是新娘盘发必不可少的单品，如果少了发饰的点缀，造型会缺失美感。

侧绑发端庄婉约，有了华丽的配饰点缀，显得更加高贵优雅。

从头发侧面分别抽取相同发量的发束，对发根进行向内卷烫，增加空气感。

烫完发根后，将发束向后拉起，烫发束中部的头发，向内卷一圈半。

另一侧的头发也采用同样卷烫的方式，将全部头发中上部全部分束卷烫。

从侧面抽取如图所示分量的发束，拧转成紧凑的一束。

再从侧面抽取第二束及第三束头发，拧转，将步骤4中拧转好的头发和第二束头发交叉，用卡子固定。

再抽取第四束头发，将第三束头发和第四束头发交叉拧转，并用卡子固定。

将最后拧转好的头发绕到另一侧，用卡子固定。

最后剩下的头发拧转成一束绕到另一侧，在稍微往上的位置固定，在发束中依次插入发饰。

适合搭配蕾丝发饰的侧披发

如果你是个性十足的新娘，或许早已厌倦了千篇一律的盘发，想要展现另类的个性可以尝试侧披发的造型，赋予独特的气质，展现女王般的气场。

蕾丝发饰是大热的新娘头饰单品，散发出无尽的浪漫气息，为发型增添个性。

1 将头发进行一九偏分，用梳子蘸取适量发泥将刘海梳出一个向上的弧度。

2 从另一侧头发中抽取一束头发，贴着头皮编一束三股蜈蚣辫。编到剩下大概10厘米的头发，用发圈将发辫固定。

3 用尖尾梳的发尾从头顶分出一束头发，发量和第一束头发相同。

4 编蜈蚣辫到剩下大概10厘米的头发，用发圈将发辫固定。

5 再从头顶抽取同样发量的发束继续编一条蜈蚣辫。编到剩下大概10厘米的头发，用发圈将发辫固定。

6 分别将三束辫子绕到另一侧，用卡子将辫子固定在头发中。

7 想要达到妩媚的效果，可以将剩下的头发做一圈向内曲卷，然后喷上定型喷雾。

8 选择一款蕾丝发饰，用卡子固定在有辫子一侧的头发上。